KB142293

HEISSZEIT

핫타임

우리에게 닥친 기후재앙을 멈추는 법

HEISSZEIT

핫타임

모집 라티프 지음

씨마스21

차례

플래닛 B는 없다

"이제 우리는 내일이 곧 오늘이라는 사실과 마주한다. 시간이 우리를 향해 달려오고 있는데, 삶과 역사가 우리에게 던지는 수수께끼를 따라가지 못하고 뒤처진 것이다. 망설임은 마치 도둑처럼 우리에게서 시간을 앗아간다. 빠르게 흘러가는 시간 속에서 잠시 숨 돌릴 여유가 필요하지만, 시간은 그럴 잠깐의 틈도 주지 않은 채 무심하게 서둘러 떠나갈 뿐이다. 백골이 되어버린 선조들의 유해와 폐허로 남은 수많은 문명의 잔해 위에는 '너무 늦었다'라는 엄중한 글귀만이 남아있다."

–마틴 루서 킹 주니어, 1967

마틴 루서 킹 주니어가 베트남전쟁을 두고 했던 이 말은 기후 위기에 직면한 인류에게도 시사하는 바가 크다. 기후 위기가 점점 우리에게 다가오고 있지만, 그럼에도 인류는 별 조치를 취하지 않고 있다는 것이다. 지구 온도가 지난 수십 년 동안 계속 높아지고 있는 데는 과학적인 근거가 있는데, 바로 인류가 엄청난 양의 온실가스, 그중에서도 특히 이산화탄소를 계속해서 배출하고 있기 때문이다. 그리고 대기 중에 축적되는 온실가스의 농도는 매년 상승하고 있다. 기후학자에게는 그다지 놀랍지 않았지만, 실제로 2010년부터 2019년까지 지구의 기온은 기상관측이 시작된 1880년 이래 가장 따뜻한 10년이었고, 기온이 상승하는 추세도 계속 이어졌다.[1] 앞으로 수십 년간 이런 추세가 계속된다면, 지구상의 생활 조건은 극도로 악화되어 일부 지역은 아예 사람이 살 수 없는 지역이 될 것이다. 학자들은 이미 수년 전부터 기후 붕괴가 임박했다는 것을 경고해 왔다. 2019년 한 학술 저널에 실린 논문인 「전 세계 학자들이 기후 비상사태에 대해 경고하다」[2]가 이런 경고의 대표적인 예다. 이 논문은 첫머리에서 "학자에게는 인류가 처한 심각한 위험을 경고하고 사실을 있는 그대로 전달할 의무가 있다. … 이 의무에 따라 … 전 세계 학자 1만 1,000여 명이 현재 지구가 기후 비상사태에 처했음을 분명하며 확고하게 선포한다."라고 밝히고 있다.

이 책을 쓰는 이유도 이 논문과 마찬가지로 현재 우리가 처한 현실을 있는 그대로 바라보기 위함이다. 지금 인류는 전혀 납득할 수 없는 태도로 기후 문제에 접근하고 있다. 그동안 수도 없이 많은 기후 정상회담에 전 세계 정치인들이 모여 기후 문제를 막기 위해 논의했고, 토크쇼를 비롯해 언론에서도 기후 문제에 대해 정말 많은 이야기와 논의가 이루어진다. 그러나 정작 지구온난화를 막기 위해 노력하는 이는 거의 없다. 기후 재앙을 막는 것이 세계정치의 가장 중요한 과제가 되었고 국제사회도 거창한 약속을 하고 있지만, 실제로 기후 재앙을 막으려는 조치는 전혀 이루어지지 않고 있다. 기업은 빠르게 이익을 내는 것만을 추구하고, 기업의 이런 단기적 이윤추구가 인류의 안녕을 위협한다. 그리고 많은 이들이 기후변화가 마치 다른 세계의 문제인 것처럼 행동하고 있다.

나는 이미 예전부터 전 세계 모든 사람이 기후 문제가 우리의 운명이 달린 문제라는 점을 인식하고 기후 문제를 해결하기 위해 노력해야 한다고 생각해 왔다. 이제는 기후 위기에 대응해야 한다는 말만 되풀이해서는 안 되는 때가 왔다. 수치를 보면 현실이 분명히 보인다. 대기 중 온실가스의 양은 지난 수백만 년간 유례없는 수준에 도달했다. 이 사실만 봐도 현실을 깨닫고 지금 당장 기후 보호를 위한 조치를 취해야 한다. 그러나 모두들 문제를 매년 혹은 10년 단위로 미루고만 있는 실정이다. 내일이 곧 오늘이라는 마틴 루서 킹 주니어의 말처럼, 시간이 이미 우리를 향해 달려오고 있는데도 말이다. 이미 지구상에는 지구온난화로 고통받는 사람들이 많다. 인류가 아직 경험하지 못한 급격한 기후변화를 막을 수 있는 시간은 점점 줄어들고 있다.

미국의 작가 조너선 프랜즌Jonathan Franzen은 『우리가 행동하는 척하지 않는다면?What if We Stopped Pretending?』이라는 저서에서 제목과 동일한 질문을 던진다. 프랜즌은 인류가 기후 재앙과의 싸움에서 패배했다고 확신하는데[3], 그래서 그런지 이 책의 부제도 '우리가 기후 재앙을 막을 수 없음을 인정하자'이다. 인류가 지구온난화에 제대로 대응하지 않은 지도 수십 년이 지났다. 정치계와 경제계도 기후 문제에 처음부터 너무 지지부진하게 대응했다. 솔직히 말하면 이제 기후를 구하기에는 너무 늦었다. 그러니 이제는 기후 운동가들도 프랜즌의 말처럼 '우리가 더 이상 기후를 구할 수 없음'을 인정할 필요도 있다. 기후와 관련된 모든 수치가 실제로 이 말이 사실임을 가리키고 있으니 말이다.

그래도 나는 우리가 이미 늦었다는 프랜즌의 말에 완전히 동의하지는 않는다. 기후모델을 가지고 컴퓨터로 계산해 보면, 적어도 이론적으로는 기후 재앙을 아직 막을 수 있다는 결과가 나온다. 그러나 기후 재앙을 막기 위해 구체적으로 무엇을 해야 하는지 정의하기는 사실 정말 어려운 일이다. 그리고 설령 우리가 그 방법을 찾는다 해도, 어쨌든 강력한 기후 보호 대책이 필요하다는 점에는 변함이 없다. 그러나 '강력한' 대책이라는 말을 두려워하지는 말자. 이 대책은 우리가 기후 문제를 해결하면서도 지금의 풍요로운 생활을 계속 누릴 수 있게 하고, 심지어는 많은 이들이 빈곤에서 벗어나게 도와주기까지 할 것이다.

우리가 기후 재앙을 막기에 실제로 너무 늦은 것인지 정확히 알 길은 없다. 어쩌면 지구가 자연적 주기에 따라 간빙기를 거쳐 우리가 지금까지 경험하지 못했던 뜨거운 시기인 '열기(熱期)'로 넘어가기 시작해 지구 온도가 높아지는 것이며, 우리에게는 이를 멈출 힘이 없을지도 모른다. 하지만 다행히 그럴 가능성은 낮다. 그리고 기후변화를 멈출 방법이 아예 없지 않은 한 나는 인류가 결국에는 기후 문제를 해결할 수 있으리라고 희망적으로 생각하고 싶다. 그래도 세상에는 기후 보호를 위해 매일 노력하고 실천하는 사람이 정말 많으니 말이다. 이런 노력이 정치계와 경제계에 대한 압력으로 이어져 결국 우리 사회 전체가 이제는 기후를 보호하자는 말뿐이 아니라 실천에 옮기게 되었으면 좋겠다. 우리가 지금 행동해야 하는 이유는 분명한데, 기후 재앙이 현실이 되어 우리가 또 다른 재앙을 겪기 시작하면, 그 고통 속에 허우적대느라 행동하기가 더 어려워질 것이기 때문이다. 그러니 인류가 미래로 나아가기 위한 답은 바로 시민사회다.

독일의 2018년 여름은 도무지 끝이 보이지 않았고, 매일 역대 최고 기온을 경신하던 무더운 나날이었다. 그러면서 독일에서는 기후변화에 관한 논쟁에 다시 불이 붙었다. 독일어학회는 '열기Heißzeit'를 2018년 올해의 단어로 선정했는데[4], 선정 이유에 대해 "이 단어는 비단 올 4월부터 11월까지 계속된 혹심한 무더위를 말하는 게 아니라 21세기 초 전 지구가 안고 있는 심각한 사안인 기후변화를 가리키는 것이기도 하다. '빙하기'라는 말이 갖는 의미와 마찬가지로 '열기'는 단순히 '매우 더운 시기'라는 의미를 넘어 인류가 전에 없던 새로운 기후를 겪기 시작했음을 의미한다."라고 설명했다. 그야말로 우리가 현재 처한 상황을 한 단어로 완벽히 표현하는 말이다. 지구온난화는 그동안 인류가 직면했던 다른 문제들과 달리 별 진전을 보이지 못하고 있는데, 이는 기후변화가 지금껏 우리가 경험한 것과는 완전히 다른 새로운 차원으로 넘어가고 있기 때문이다.

지난 수십 년간 수없이 많은 학술 문헌이 지구 온도가 위험한 수준으로 높아지고 있음을 지적했다. 대기 중 온실가스 농도, 기온, 해수면 상승 등 모든 지표가 지금 기후가 붕괴되기 직전이라는 것을 분명히 가리킨다. 그럼에도 인류는 이런 경고 신호를 무시하고 있는 듯하다. IPCC[5](기후변화에 관한 정부 간 협의체)가 1990년에 발표한 1차 평가보고서에서 지구온난화에 대해 경고한 이후에도 전 세계 이산화탄소 배출량은 60퍼센트 이상 증가했으니 말이다. 이 보고서의 내용을 인용하면 다음과 같다. "지구의 기온이 자연적으로 높아지는 '자연적 온실효과'가 있다. 이와 반대로 '인위적 온실효과'란 인간의 활동으로 이산화탄소, 메탄, 염화불소, 아산화질소 등 대기 중 온실가스 농도가 크게 높아지는 것을 말한다. 이런 인위적 온실효과가 자연적 온실효과에 더해져 지구의 온실효과가 심해지고 지구의

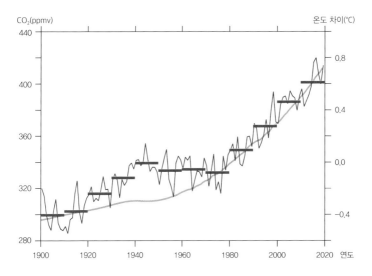

그림 1. 지구 온도와 이산화탄소 농도의 변화. 빨간색 가로선은 기준연도(1961~1990년)와 비교한 지구 온도의 차이와 1900~2019년의 10년간 기온의 중간값이며, 회색은 대기 중 연간 이산화탄소 농도 중간값(ppm: 백만분율(parts per million))이다.

온도도 더 높아진다. 지구 온도가 높아지면 지표면의 물이 더 많이 증발하면서 수증기가 더 많이 발생하는데, 수증기는 온실효과의 주원인이기 때문에 지구온난화의 악순환으로 이어질 것이다."[6]

이 경고는 이제 현실이 되었다. 지난 30년간 지구 온도가 비정상적인 수준으로 높아진 것이다([그림1]). 1990년 당시 IPCC의 1차 평가보고서는 온실가스 배출로 인한 최악의 시나리오로 21세기 말에 지구 온도가 산업화 이전 시기[7] 대비 약 4도 상승하는 것을 온실가스 배출로 발생할 수 있는 최악의 상황으로 제시했었다. 보통 산업화 이전 시기라고 하면 1850년에서 1900년까지의 기간을 말하는데, 이와 비교해 지구 온도는 이미 1도 높아진 상황이다. 학자들은 오래전부터 이 문제를 인식하고 사회에 연구 결과를 제시해 왔던 것이다.

지난 수십 년간 학계뿐만 아니라 언론에서도 지구온난화를 중요한 사안으로 다루어 왔다. 물론 정치·경제계에서는 기후변화가 갑자기 발생한 문제라는 식으로 얘기하지만, 사실 기후변화는 하루아침에 일어난 일이 아니다. 1986년 8월 독일 주간지 「슈피겔」은 독일의 랜드마크인 쾰른 대성당이 반쯤 물에 잠긴 이미지를 표지로 실었는데, 그림 아래에는 '기후 재앙'이라는 글자가 크고 선명하게 적혀 있었다.[8] 지구온난화로 인해 빙산이 녹아 해수면이 상승하고 있음을 나타내는 이미지였다. 「슈피겔」이 이렇게 종말론적인 이미지를 표지로 선정한 데에는 1985년 12월 독일물리학회가 인류가 이렇게 계속 온실가스를 대량으로 방출할 경우 곧 기후 재앙이 닥칠 것이라는 경고에 기인한 것이다.[9] 30년도 더 지난 당시에도 이미 인간이 기후에 미치는 영향에 대해 폭넓은 연구가 이루어졌으며, 기후변화에 대해서는 학계뿐만 아니라 대중에게까지 널리 알려져 있었다.

그 후 기후변화에 대한 대중의 관심 정도는 매번 달라져 왔다. 가령 1997년 독일 오데르강 홍수나 2003년 폭염 등 독일에서 기후변화로 인해 큰 자연재해가 발생했을 때는 독일 언론이 기후 문제를 크게 다루고, 정치인들도 기후보호조치가 시급함을 촉구했다. 반대로 기후 문제가 대중의 관심에서 완전히 사라지는 시기도 있었다. 2017년 연방총선 이전까지는 독일 선거운동에서 기후 문제가 다뤄진 적이 거의 없었는데, 2018년 독일에서 기록적인 폭염이 발생하고 '미래를 위한 금요일' 운동이 커지면서 기후 문제가 다시 대중의 주목을 받기 시작했다. 그러다 지금은 그 어떤 문제보다도 코로나19를 극복하는 문제가 관심을 끌고 있다. 코로나19와 기후 위기 간의 유사점에 대해서는 뒤에서 따로 다루려고 한다. 중요한 것은 우리가 지금 코로나19라는 큰 문제를 겪고 있으니 다른 문제가 덜 중요하다거나, 오랫동안 지켜온 지속가능성이 별 의미가 없다는 식의 잘못된 생각을 해서는 안 된다는 것이다. 왜냐하면 오히려 지속가능성을 중요하게 생각하는 사회일수록 갑작스러운 위기를 더 잘 견딜 수 있기 때문이다.

기후 위기는 인간이 온실가스를 배출해 발생하는 것이다. 온실가스가 대기 중에 방출되면 지표면의 온도가 상승한다. 온실가스란 주로 화석연료(석탄, 석유, 천연가스, 가솔린, 난방유 등)가 연소될 때 대기 중으로 방출되는 이산화탄소를 말하는 것으로, 아직도 전 세계 많은 곳에서 전기와 열 생산이나 교통수단에 화석연료를 주요 에너지원으로 사용하고 있다. 또한 농업에서 많이 발생하는 메탄$_{CH_4}$과 아산화질소$_{N_2O}$도 인간이 배출하는 주요 온실가스 중 하나다. 사실 이런 온실가스가 어느 지역에서 방출되는지는 중요하지 않은데, 온실가스가 수십 년간 대기 중에 머물면서 바람을 타고 국경을 넘어 전 세계로 퍼져나가기 때문이다. 따라서 지구온난화를 막는 것은 어느 한 국가만의 책임이 아니다. 중국이든 미국이든, 유럽이든 독일이든 혼자서는 기후 문제를 해결할 수 없는 것이다. 즉 전 세계 모두가 한 배를 탄 셈이다. 그러니 우리가 기후 문제에 하나가 되어 빠른 조치를 취하지 않는다면 지구는 정말로 생명이 살아갈 수 없는 행성이 될 수도 있다. 버락 오바마 전 미국 대통령은 2015년 파리에서 개최된 제21차 유엔기후변화협약 당사국 총회 개막 연설에서 마틴 루서 킹 주니어의 말을 인용하여 "너무 늦은 때는 언젠가 분명히 온다."고 말하며[10], "기후변화와 관련해 그 순간이 곧 올 것이다."라고 덧붙였다.[11]

국제사회는 2015년 파리기후협정[12]을 통해 지구의 온도가 산업화 이전과 비교해 2도 이상 높아지지 않도록 함께 노력하기로 합의했다. 심지어 기온이 1.5도 이상 높아지지 않도록 노력하는 국가도 있다. 그러나 지구 온도가 이미 1도 이상 높아졌다는 것을 생각해 보면, 사실 이 목표를 달성하기란 매우 어렵다. 또한 세계 일부 지역에서 개발계획에 박차를 가하고 있다는 점을 고려하면, 파리기후협정에서 세운 목표를 달성하기란 2015년 당시 생각했던 것보다 훨씬 더 어려울 수도 있다.[13] 파리기후협정에서 세운 목표를 달성하기 위해서는 모든 국가가 신속하고 과감한 조치를 취해야 하지만, 그 목표를 실천하기 위해 스페인 마드리드에서 2019년 개최되었던 제25차 유엔기후변화협약 당사국 총회는 실패로 끝났다. 세계 정치인들이 '이번에도' 말만 하고 아무런 행동을 하지 않았던 것이다. 이 회의에서 각국의 의견은 크게 엇갈렸는데, 미국, 브라질, 호주, 사우디아라비아 등 영향력이 강한 국가는 기후 보호에 전혀 관심이 없었다. 이 국가들이 눈앞의 단기적인 경제적 이익만을 따르는 사이, 해수면이 높아지면서 이미 생존의 위협을 받고 있는 저지대 섬나라들은 당연히 기후 보호를 위한 조치가 시급한 상황이었다. 파리기후협정이 실천으로 이어지지 않는 데에는 분명 몇 가지 이유가 있는데, 이 책에서 그중 일부를 다뤄 보려고 한다.

기후변화가 점점 더 현실이 되어가고 있는데도 인류는 아직도 기후 문제에 효과적으로 대응할 방법을 찾지 못했다. 기후변화가 발생할 것이라는 신호가 무시할 수 없을 정도로 커지고, 학계에서도 인류가 지구온난화의 주요 원인이라는 확실한 결론을 내렸음에도 세계적으로 인간이 배출하는 인위적 온실가스 양이 여전히 증가하고 있다는 사실은 쉽게 이해하기가 어렵다. '열기(熱期, 핫타임)'란 그 말 그대로 인류가 지구 역사상

단 한 번도 경험하지 못했고 적응할 수도 없을 정도로 기온이 높은 시기를 말한다. 열기가 시작되면 인류는 지금까지의 지구와는 완전히 다른 세계에서 살게 되는데, 그러면 인류와 자연의 운명이 각각 어떻게 될 것인지는 아직 구체적으로 알 수 없다. 지구의 체계란 매우 복잡하고, 전혀 예측할 수 없는 부분도 있기 때문이다. 유일하게 확실한 것이라면, 지구상에 생명체가 존재한 이래 온실가스를 지속적으로 배출해 지구 전체를 재앙에 빠뜨릴 수도 있는 최초의 생명체가 바로 우리 인간이라는 것이다.

그렇다면 우리는 30년 전 독일물리학회가 예측했던 것처럼 정말 기후 재앙으로 나아가고 있는 걸까? 나는 이 책을 통해 기후 문제에 관한 논의가 사실을 토대로 이루어지게 하고 싶은 것이지, 기후변화가 별로 위험하지 않다고 하거나 아니면 그 반대로 기후변화의 위험성을 과장해 사람들에게 겁을 주려는 것이 아니다. 사실을 보면 문제의 본질이 무엇인지 알 수 있다. 특히 요즘에는 기후변화라는 주제가 점점 경제적·정치적 싸움의 수단이 되어가고 있기 때문에, 기후변화에 관한 사실을 있는 그대로 제시하는 것은 지금 그 어느 때보다 중요하다. 사회가 기후 문제에 적절한 대응을 하지 못하는 사이, 기후 문제가 사회를 분열시키기 시작한 것이다. 인간이 초래한 기후변화를 물리적·화학적·생물학적으로 설명하기란 복잡하지만, 지구온난화의 기본 원리 정도라면 과학자가 아닌 사람들도 쉽게 이해할 수 있도록 설명할 수 있고, 이 책의 목적도 그것이다.

그런데 기후변화 회의론자나 기후변화 부정론자들이 인간이 기후에 영향을 미칠 수 없다거나 그 영향이 크지 않다고 주장하고, 전 세계 많은 사람들이 실제로 이런 주장을 믿게 되면서 기후 문제를 해결하는 것이 더욱 어려워지고 있다. 심지어 일부 정치인이나 기업이 이런 주장을 지지하기까지 하는 상황이다. 잘못된 정보를 사실처럼 포장하는 것은 기후변화 회의론자들의 전략 중 하나인데, 안타깝게도 잘못된 주장을 끊임없이 반복하는 것만으로도 수많은 사람들이 과학적 사실을 의심하게 만들기에는 충분하다.

그러면 기후변화 회의론자들은 대체 왜 이렇게까지 적극적으로 행동할까? 여기에는 여러 이유가 있다. 우선 대중에게 기후변화에 대한 회의적인 주장을 펴도록 이들을 조종하는 일부 대기업이 있다. 즉, 화석연료를 활용하는 사업을 하면서 그로 인한 기후변화는 고려하지 않는 대기업이 현 상황을 유지하기 위해 나쁜 의미의 로비를 펼치며 불공정한 기업활동을 하고 있는 것이다.

이 책에서는 지난 수년간 기후 문제에 대해 수많은 논의가 이루어졌고 정치에서도 마침내 행동해야 한다는 결론을 내렸음에도, 왜 아직도 세계적 차원에서 기후 보호를 위한 노력에 진전이 없는지 그 이유도 다뤄 보려고 한다. 과학적인 관점에서 보면 현재 기후 보호를 위한 노력은 전혀 없는 것이나 다름없다. 냉정한 말처럼 들릴지는 몰라도, 매일 기후 보호를 위해 헌신하고 실천하는 기후 활동가들의 입장에서는 아무런 조치도 없는 지금 이 상황이 도무지 이해가 되지 않을 것이다. 대기 중의 온실가스 농도가 나날이 신기록을 경신하고 있는 마당에, 지금 결정권을 쥔 세대는 문제를 해결할 능력이 없거나 혹은 문제를 해결할 생각 자체가 없는 것 같으니 말이다.

한편 기후 문제를 해결할 답은 이미 오래전부터 나와 있는데, 그중 하나가 재생에너지다. 지구상에는 태양열·풍력·지열 등 화석연료를 사용하지 않으면서도 깨끗한 에너지가 넘쳐나기 때문에, 꼭 환경을 훼손하지 않아도 충분히 우리가 쓸 에너지를 만들어낼 수 있다. 이제는 기술도 많이 발전해 수십 년 안에 재생에너지를 상용화할 수 있는 정도이고, 필요한 자금을 마련하는 것도 사실 그리 어렵지 않다. 재생에너지에 투자할 돈이 없다는 핑계도 말이 안 되는데, 특히 전 세계적으로 지금 코로나 사태를 해결하기 위해 얼마나 많은 자금을 들이고 있는지를 생각하면 자금이 부족하다는 것은 가당치도 않은 변명이다. 그러니 결국 우리에게 필요한 것은 오로지 기후변화를 멈추기를 진심으로 원하고, 이를 위한 계획을 세우고 또 실천하는 것뿐이다.

지금까지 우리가 기후 문제를 해결하지 못하고 가만히 손 놓고 있었던 것이 딱히 무슨 중요한 이유가 있어서 그런 것은 아니었다는 점을 알 필요가 있다. 지구온난화는 인류가 절대 해결할 수 없는 문제라고 할 수는 없다. 지구온난화는 인간의 무지, 이기주의, 권력과 돈과 물질에 대한 끝없는 탐욕과 함께 자연을 경시한 결과, 즉 인간의 욕심이 불러온 현상이다. 따라서 그저 기후를 보호하자는 말만으로는 별 효과가 없다. 오히려 더 이상 짜낼 것이 하나도 남지 않을 때까지 지구를 착취하지 않고서도 지금처럼 풍요롭게 살 수 있으며, 그러기 위해서는 지금처럼 지구온난화의 속도를 높여 우리 삶의 터전인 육지와 해양 생태계를 파괴해서는 안 된다는 실리적인 말로 설득하는 것이 훨씬 더 수월할 것이다. 우리는 세계를 최대한 빨리 지금과는 다른, 그리고 당연히 지금보다 더 나은 세계로 바꿔야 한다. 우리에게 지구는 단 하나뿐이고, 플래닛 B가 없다는 것은 부정할 수 없는 분명한 사실이니 말이다.

우리가 사는 집이 어느 날 갑자기 무너져 폐허가 된다고 상상해 보자. 집을 잃는다는 건 무엇을 의미할까? 집을 잃는다는 것이 실제로 흔하게 경험하는 일은 아니지만, 그럼에도 우리는 집이 망가지지 않게 항상 신경 써서 관리하며 살아간다. 하지만 지구 전체가 우리가 사는 집이라 생각한다면, 상황이 달라진다. 우리는 지구촌 전체를 하나로 만든 글로벌화는 자연스럽게 받아들이면서 기후 문제에서는 지구를 하나로 보지 못한다는 점이 문제다. 대기는 지구 전체를 순환하며 이산화탄소 등 온실가스*를 지구 곳곳에 퍼뜨린다. 그러니 일부 지역에서 방출한 온실가스는 그 지역만이 아니라 지구 전체의 기후를 바꾼다. 바다도 마찬가지다. 플라스틱 쓰레기를 비롯해 고의 또는 부주의로 방치되거나 바다에 유입된 해양 쓰레기가 해류를 타고 전 세계 바다로 퍼져 나간다.

이렇듯 한 지역의 행동은 비단 그 지역뿐만 아니라 세계 전체에 영향을 미치지만, 어떤 사람들에게는 이 사실이 별로 와닿지 않는 것 같다. 만약 세계 인구가 적었더라면 우리가 딱히 환경을 고려하며 행동하지 않아도 우리의 행동이 지구 전체에 큰 영향을 미치지는 않았을 것이다. 반대로 인구가 지금보다 더 많았다면 우리가 미치는 영향은 지구의 한계를 시험하듯 끝없이 커져 인류뿐만 아니라 동식물을 비롯한 모든 생물의 삶을 위협했을 것이다. 독일의 환경운동가 에른스트 울리히 폰 바이츠제커는 인류가 없는 '비어있는 세계'와 인류가 살아가는 '가득 찬 세계'라는 개념을 구분해 사용한다.[14] 우리는 인간이 살지 않는 '비어있는 세계'를 기준으로 우리의 행동과 이

---

* 온실가스란 기후에 상당한 영향을 미치는 가스를 의미한다. 온실가스에는 대기 구성 성분의 99퍼센트를 차지하는 질소나 산소는 포함되지 않는다. 기후에 가장 큰 영향을 미치는 온실가스는 이산화탄소다.

것이 미치는 영향을 생각하지만, 사실 이런 생각은 우리가 실제로 살아가는 현실과는 크게 동떨어져 있다. 이처럼 우리가 자신의 행동과 그 영향을 연결시키지 못한다는 점이 기후 문제를 비롯한 수많은 환경 문제의 핵심이자, 내가 이 책을 쓰는 또 다른 이유이기도 하다.

무엇이 문제인지 알고 있는데 왜 실천에 옮기지 못하는 걸까? 개인적으로도 이 문제에 대해 몇 년간 고심하고 있다. 인간의 오만함 때문일까? 인간이 자연보다 우월하다는 생각으로 아무런 대가 없이 지구상의 모든 자원을 사용해도 된다고 여기는 걸까? 아니면 '우리는 결국 답을 찾을 것이다'라는 말처럼 기술이 발전해 결국 이 모든 위기를 해결할 거라고 굳게 믿고 있는 걸까?

이런 전략은 이미 핵폐기물과 관련해 완전히 실패한 전적이 있다. 신비로운 손가락이 허공에 나타나 벽에 벨사살이 곧 죽을 것이며 바빌로니아 제국도 멸망하리라고 예언하는 글을 쓴 후, 결국 오만함 때문에 그 글처럼 파멸한 바빌로니아의 왕 벨사살[15]처럼 우리 앞에 놓인 진실을 무시하고 파멸의 길로 뛰어들려는 것일까? 인류는 인과관계를 이해하고 이성에 따라 행동하는 지구상 유일한 생명체인 '호모 사피엔스'가 아니었던가? 적어도 지금 인류가 하는 행동을 보면, 정말로 기후 재앙을 향해 전속력으로 달려 나가는 것 같다.

우리가 지금의 생활수준을 적절히 유지하면서도 기후를 지켜내기 위해서는 세계경제의 모든 부문에서 사고방식을 바꾸어야 하며, 세계 각국이 기후 문제를 대하는 태도도 달라져야 한다. 우리가 지금 처한 위기는 단순한 기후만의 문제가 아니라 세계의 운명이 달린 문제다. UN과 같은 국제기구는 이빨 빠진 호랑이나 다름없어 제 역할을 하지 못하고, 국제조약을 맺어도 지켜지지 않거나 일부 국가가 일방적으로 파기해 버렸다. 2020년 1월 메르켈 총리가 주재한 리비아 회담 이후에도 그랬듯, 국제적인 합의가 파기되는 일이 반복되고 있다. 당시 회담에 참석한 정부 수반들은 리비아로의 무기 수출을 중단하기로 합의했지만, 무기 수출은 실제로 전혀 줄어들지 않고 계속되고 있다. 전 세계에 만연한 민족주의도 기후 문제의 상황을 악화시키고 있다. 자기 국가나 민족만을 우선시하는 민족주의는 기후 위기와 같은 세계적인 문제를 해결하기에는 전혀 맞지 않는 태도다. 가령 트럼프 전 대통령이 강조했던 '미국 우선주의'는 지구온난화를 막기 위한 노력을 오히려 퇴보시켰다.

그 밖에도 특히 잘사는 나라에서는 '잘산다'는 것이 실제로 과연 무엇을 의미하는지 곰곰이 생각해볼 필요가 있다. 잘산다는 것이 물질적인 풍요만이 아닌 철학적·문화적 가치가 풍부하다는 의미는 아닐까? 잘산다는 말과 평화, 정의, 만족감, 행복 같은 가치는 얼마나 관련되어 있을까? 물질적으로 더 적게 누리고 사는 것이 사실은 더 풍요로운 것은 아닐까? 우리는 왜 불필요한 소비를 조장하는 광고를 아무런 비판 의식 없이 받아들이는 걸까? 정말로 필요하지 않은 물건을 충동적으로 구매하고 있진 않는가? 물건을 쉽게 버리는 지금의 일회용 사회가 정말 우리가 추구하고자 하는 이상적인 사회일까? 겉으로 보이는 것에 집착하는 태도에서 벗어나 진정한 삶의 가치를 생각하는 것에 집중해야 하지 않을까? 나는 우리 사회가 이런 주제에 대해 진지하게 토론하는 곳이었으면 좋겠다. 이런 것들은 우리 사회가 반드시 논의해볼 필요가 있는 주제들이다. 환경 문제를 비롯해 기후 위기에 대한 해답은 모두가 함께 찾아야 하는 것이기 때문이다.

독일의 경우만 봐도 그렇다. 더 많은 권력과 돈과 물질을 손에 넣으려고 열을 올리고 그로 인해 환경에 어떤 악영향이 미치더라도 전혀 상관하지 않은 사람들이 많다. 예를 들어, 독일의 도시 거주민들은 고마력 차량이 별로 필요하지 않음에도 반드시 배기량이 큰 차만 고집하는 사람이 많다. 기후 재앙이 정말로 우리 눈앞까지 닥쳐온 상황인데도 말이다. 2019년에는 SUV와 오프로드 차량 신규 판매가 최초로 100만 대를 돌파하며 전년 대비 18퍼센트 증가했다. SUV와 오프로드 차량의 시장점유율도 어느덧 30퍼센트를 넘어섰다.[16] 독일 자동차 업계는 이런 대형차 붐 덕분에 지난 수년간 어마어마한 수익을 올렸다. 자동차 회사는 끊임없이 광고를 내보내며 괴물처럼 거대한 이 차를 사면 행복한 순간이 찾아올 것이라고 약속한다. 이를 막기 위한 법적 규제가 있을까? 자동차 업계가 정치계를 상대로 끊임없이 로비 활동을 펼치고 있으니, 이런 규제는 있을 리가 만무하다. 그러니 배출가스를 줄이기 위한 자동차 속도제한 규정 같은 것은 어림도 없는 얘기다. 자동차 업계에서 유럽연합EU 위원장에게 직접 전화를 걸어 자동차 배출허용기준이 높아지는 것을 막아 달라고 로비하는 것은 식은 죽 먹기다. 또 독일 자동차 업계는 자동차의 배출가스양을 시험하는 테스트에서 엔진을 고의적으로 조작해 배출허용기준을 지키는 눈속임을 썼는데, 이런 행태로 미국 등 다른 나라에서는 이미 독일 자동차 업계가 처벌을 받은 상황인데도 정작 독일에서는 별다른 조치가 취해지지 않고 있다. 이는 독일 자동차 업계가 이미 독일 연방교통부 산하의 연방자동차청과 은밀하게 결탁했기 때문이다. 이렇게 독일 자동차 업계가 멋대로 행동하고 있다 보니, 독일의 다른 부문에서는 이산화탄소 배출량이 크게 감소한 반면 자동차 업계만 아직도 1990년 수준을 벗어나지 못하고 있다. 물론 독일에서 작은 차를 타거나 차를 덜 탄다고 전 세계 기후를 구할 수 있는 것은 아니다. 그렇지만 자동차 산업의 정경유착은 모두가 다 아는 사실이며, 기후 문제 해결을 위해 이런 행태는 엄중한 비판을 받아야 마땅하다.

그 밖에도 일부 대기업들이 자신들의 비즈니스 활동이나 우리의 생활방식이 환경에 해롭지 않다면서 계속 소비를 조장하고 있다. 미국 굴지의 석유회사인 엑손모빌도 그중 하나다. 엑손모빌이 이미 수십 년도 전에 자체적으로 연구를 진행해, 대기 중 이산화탄소가 증가하면 지구온난화로 이어진다는 결론을 내렸었다는 사실이 밝혀졌다. 기후변화에 대한 초기 연구가 이루어지던 시기에 이미 엑손모빌의 사내 과학자들도 이산화탄소 배출량이 증가하면 지구 온도가 높아진다는 상관관계에 대한 연구를 진행했고, 지금 지구 온도가 실제로 꽤 높아졌다는 것을 고려하면 그 당시 예측이 상당히 타당했다는 것을 알 수 있다. 하지만 엑손모빌은 이러한 사내 연구 결과에도 불구하고 기후 연구가 자사의 사업에 타격을 줄 수도 있다면서 수백만 달러를 들여 기후 연구를 막기 위한 활동을 했다. 그리고 이런 말도 안 되는 활동에 미국 공화당원들을 필두로 한 미국 내 부패 정치인들이 동조하며 이를 지원했다.

시장의 원리를 중요하게 생각하다 못해 사적 소유를 없애고 아예 모든 것을 시장에 맡겨야 한다는 우파 시장급진주의가 만연한 것 역시 기후변화 대응에 부정적인 영향을 미친다. 시장급진주의자들은 글로벌화된 세계에서 아무런 규제나 규칙도 없이 영원한 성장만을 추구하며 모든 것을 시장의 원리에 맡기기를 원한다. 이런 세계에서는 강자의 원칙이 작용하기 때문에, 일부 다국적 기업이 합법적으로 막강한 권력을 얻게 된다. 즉, 다국적 기업이 자신이 이윤을 낼 수 있는 방향으로 세계가 나아갈 방향을 결정하고 행동하는 것이다. 이들은 세금도 내지 않으며, 인간성이나 지속가능성 같은 개념은 다른 세상의 얘기처럼 생각한다. 예를 들어 항생제에 내성을 보이는 사람이 늘어나 새로운 항생제 개발이 시급한 상황이 되었을 때, 대형 제약회사가 신약을 개발하지 않는다면[17] 우리가 이에 조치를 취할 수 있을까? 왜 모든 사람에게 꼭 필요한 기본 의약품의 공급난이 점점 심화될까? 이는 바로 약품을 실제로 생산하는 저임금 국가의 필수 의약품 생산 시설에 문제가 없도록 사전 조치를 하는 것이 제약회사에 돈이 되지 않는 일이기 때문이다.

이처럼 오늘날 기업은 이윤 극대화에만 열을 올리고 있다. 사실 이는 정치가 개입해야 하는 부분인데, 왜냐하면 정치란 사람들을 위해 존재하며 기업의 이익과는 관련이 없기 때문이다. 이에 대해 기업에 대한 규제가 일자리 부족으로 이어진다는 반론도 나오는데, 오히려 이것이 결국 장기적인 일자리 창출에도 부정적인 영향을 미친다. 지금 세계적으로 정의가 사라지고 환경 문제의 심각성이 대두하는 것은 경제가 시장의 법칙만을 중시한 데서 비롯된 현상이며, 이대로 간다면 결국 세계는 경제 때문에 파멸하게 될 것이다. 그러니 세계정치는 이 문제를 인식하고 이에 맞서야 한다. 특히 한때 경제 규제를 철폐한 후 정치계가 경제계에 밀려 힘을 잃었던 것을 생각해 보면 정치를 무력하게 만들고 있는 기업과 경제계의 행동에 단호히 대응해야 한다. 자유무역의 경우 이점도 많지만, 그렇다고 자유무역이 우리 사회와 환경을 희생시켜서는 안 된다. 전 세계 모든 정부는 경제 때문에 정치권력이 사라지는 이 현실에 힘을 모아 대응할 필요가 있다. 그러니 최근 많은 국가에서 민족주의가 대세가 되면서 세계가 함께 행동하기 어려워진 것은 분명 안타까운 일이다.

특히 기후 위기와 관련해 정치가 기업에 휘둘리고 있는 모습은 국제정치가 얼마나 무력한가를 분명히 보여준다. 국제정치는 아마 화석연료 산업의 손아귀에서 적어도 '빠르게'는 벗어날 수 없을 것이다. 화석연료 사용이 이산화탄소 배출을 증가시켜 지구온난화를 일으킨다는 것은 모두가 알고 있음에도 전 세계 화석연료 소비가 줄어들기는커녕 계속 늘어나고 있다는 것이 그 증거다. 이처럼 화석연료 소비가 계속 늘어나니, 당연히 대기 중 이산화탄소 농도와 지구 온도도 함께 높아진다. 지구온난화는 실제 수치로도 분명하게 입증되고, 극단적인 기상이변이나 해수면 상승 등 직접 체감할 수 있는 현상이다. 세계는 지금 기후변화의 한복판에 서 있다. 기후변화가 실제로 일어나고 있는지는 이제 논의할 필요도 없는 문제다. 인류가 기후변화가 일어나고 있다는 것을 알게 된 후 곧바로 조치를 취했었다면 지금 같은 상황까지는 오지 않았을 것이다. 태양열이나 풍력 등 환경을 오염시키지 않으면서도 무한한 에너지원은 언제나 있었으니, 얼마든지 화석연료를 줄일 수 있었을 것이다. 이와 관련해 이미 100여 년 전에 독일의 물리화학자이자 노벨화학상 수상자이기도 한 빌헬름 오스트발트Wilhelm Ostwald가 "우리는 지금 화석연료라는 뜻밖의 유산으로 살아가고 있지만, 화석연료는 언젠가 소진될 것이고, 그러면 오직 무한한 에너지원인 태양에너지를 통해서만 지속적인 경제활동을 할 수 있을 것이다."[18]라는 말을 남기기도 했다.

화석연료를 구입하려면 비싼 비용을 지불해야 하는 반면, 신재생에너지는 자연에서 그냥 얻을 수 있다. 특히 국가가 지금까지 석탄이나 석유 등 재래식 에너지에 보조금을 지원하던 것이나 이런 에너지가 환경에 미치는 피해로 인한 비용을 고려하면, 신재생에너지는 비용적 측면에서도 화석연료보다 훨씬 더 낫다. 재래식 에너지에 국가에서 보조금을 지급하는 것은 환경에 해로울 뿐만 아니라 신재생에너지와의 공정한 경쟁을 방해하고 혁신을 막는다. 독일에서 재래식 에너지에 지급되는 보조금은 연간 약 500억 유로로 추정되며, 전 세계적으로 대략 독일의 100배가 넘는 5조 유로가 보조금으로 지급된다. 이는 전 세계 보건 분야에 지출하는 비용을 훨씬 뛰어넘는 금액이다. 아이러니하게도 이 보조금을 지원받는 재래식 에너지가 배출하는 유해한 물질이 인류의 건강을 위협하고 있다. 독일 최대 전력공급사인 RWE는 갈탄으로 생산한 전기로 발생하는 이윤이 킬로와트시당 3센트에 불과하다고 주장한다. 그런데 독일 연방환경청이 갈탄을 통한 전력 생산이 건강과 환경에 미치는 피해를 비용으로 계산해본 결과는 킬로와트시당 19센트였다. 독일의 대형 태양광 발전소에서 전기를 생산하는 비용은 킬로와트시당 5센트 미만이며, 갈탄을 활용한 전기 생산비도 킬로와트시당 4센트가 넘는다.[19] 간단하게 계산해 봐도 갈탄은 건강과 환경에 피해를 주면서 비용도 저렴하지 않은데도 계속 갈탄을 사용하고 있다니, 이런 모순이 또 없을 것이다.

하지만 신재생에너지가 가진 거대한 잠재력을 완전히 활용하기 위해선 신재생에너지를 지금보다 더 영리하게 사용해야 하는데, 앞으로 디지털화와 인공지능이 여기서 중요한 역할을 할 것이다. 재생에너지를 효율적으로 사용하려면 소비자와 에너지 공급을 긴밀하게 연결해야 하는데, 그러려면 에너지를 중앙에서 일괄적으로 공급하는 것이 아니라 개별 소비에 맞춰 다양한 신재생에너지를 공급할 수 있도록 공급을 분산해야 한다. 신재생에너지를 공급하는 데에 기존의 중앙통제식 에너지 인프라를 그대로 활용한다면 아무런 의미가 없다. 신재생에너지를 활용하기 위해서는 전력의 생산·저장·소비를 최적화해

하나로 결합한 스마트 그리드[20]라는 촘촘한 스마트 전력망이 필요하며, 이 스마트 그리드는 전기 공급 담당자에게 전력 생산과 사용 현황에 관한 정보를 바로바로 제공하는 역할도 담당한다.

지금까지 기후변화와 관련된 사실을 살펴보았지만, 이 책을 통해 기후변화에 대해 보다 사실에 기반한 논의가 이루어졌으면 하는 바람이다. 이는 그 어느 때보다도 중요한 문제로 기후변화에 대한 사실만을 이야기해야 우리가 지금 처한 상황을 깨닫고, 기후보호조치가 시급하다는 것을 비로소 알 수 있기 때문이다. 그 밖에도 이 책에서는 기후변화가 심각한 문제라는 것을 인류가 알고 있으면서도 어째서 행동하지 않는지에 대한 이유들을 생각해 보려고 한다. 안타깝지만 인류는 지금 잘못된 방향으로 나아가고 있다. 앞으로 상황이 완전히 변하거나 향후 몇 년 안에 전 세계 온실가스 배출량이 다시 줄어들 것이라는 조짐도 전혀 보이지 않는 상황이다.[21] 그러니 우리가 지금부터라도 매년 온실가스 배출량을 줄이지 않는다면 나중에는 온실가스 배출량을 더욱 빠르고 급격하게 줄이지 않고서는 파리기후협정의 목표를 달성할 수 없을 것이다.

대기 중 온실가스 농도가 상승하면서 지구 온도가 계속해서 높아진다면, 앞으로 인류가 지금까지 경험하지 못한 극단적인 기상이변이 발생하고, 해수면이 수 미터 상승하며, 육지 및 해양 생태계가 붕괴하고 세계 식량 공급을 전혀 예측할 수 없게 되는 등 우리가 더 이상 손을 쓰지 못하는 결과가 돌아오게 된다. 기후는 우리의 변명을 들어주지 않는다. 그러니 지금 바로 행동해야 한다.

전 세계 경제를 지속 가능한 방향으로 바꾸는 것은 하루아침에 되는 일이 아니니, 어쩌면 이미 기차는 떠났다고 말하는 사람도 있을 것이다. 그리고 만약 우리가 열심히 노력해서 대기 중 온실가스 농도를 안정시킨다고 해도 이미 우리가 꽤 많은 온실가스를 배출했다는 점을 감안하면, 지구 온도는 어쨌든 소수점 한 자리 단위 정도는 올라갈 수밖에 없다. 그리고 더 이상의 지구온난화를 막으려면 대기 중 온실가스 비율을 반드시 낮춰야 하는데, 그러기 위해서는 언젠가 대기 중 이산화탄소를 없애거나 기후를 조절하는 기술이 나오지 않을까 기대할 게 아니라 세계 전체가 하나가 되어 온실가스 배출을 크게 줄여야만 한다.

우리가 돌이킬 수 없는 단계에 이르기 전에 적어도 이번 세기 중반인 약 2050년쯤에는 넷 제로[22]를 달성해야 한다. 넷 제로란 인간이 이산화탄소를 배출한 만큼 이를 흡수하는 조치를 취해 실질적인 배출량을 '제로'로 만든다는 개념이다. 이런 야심 찬 목표를 달성하려면 개인, 기업, 각 국가의 모든 이해관계보다 항상 공공의 이익을 더 중요하게 생각해야 한다. 즉, 우리 모두가 기후 보호에 동참하는 것은 물론 어느 정도 부담도 감당해야 한다는 얘기다. 당연히 기업이나 국가는 개인보다 더 많은 부담을 져야 한다. 기업은 독일 자동차 기업처럼 할 수 있는 모든 이익을 뽑아낼 때까지 이윤만 추구해서는 안 된다. 또 최근 지멘스가 호주 석탄 운송업체에 기술을 제공했던 것처럼[23] 기업 비즈니스가 환경에 '간접적인' 영향만 미친다 할지라도 과연 이 사업이 환경에 어떤 영향을 미칠 것인지, 그리고 이 사업을 추진하는 것이 과연 도덕적으로 옳은 일인지를 고민해볼 필요가 있다.

　마지막으로 노르웨이와 같은 국가는 석유 및 가스 채굴과 수출로 지난 수십 년간 막대한 이윤을 얻고 있으면서도 그 과정에서 기후에 끼친 피해에 대해서는 별다른 책임을 지지 않고 있는데, 이런 국가들도 이제는 기후 위기에 대한 자국의 책임을 확실하게 인정해야 한다. 세계 최대 석탄 수출국인 호주도 마찬가지다. 지금은 이런 국가가 화석연료로 큰 경제적 이득을 얻고 있지만, 행복해 보이는 지금 상황이 언제 갑자기 바뀌어 버릴지는 아무도 모른다. 호주에서는 이미 그런 징조가 있는데, 이에 대해서는 뒤에서 따로 다루겠다. 마지막으로 분명히 말하지만, 지구가 '열기'로 들어서는 것을 막으려면 지금 즉시 화석연료의 사용을 완전히 멈춰야 한다.

　지구의 기후 체계, 최소한 기후 체계의 일부 요소들은 매우 복잡하게 이루어졌기 때문에 예고 없이 어느 날 갑자기 무너질 수 있다. 그러면 그 여파가 걷잡을 수 없이 이어져 이내 지구의 생태, 경제, 사회 영역과 안보 상황까지도 균형을 잃고 흔들리게 되어, 세계가 혼란에 빠져 잘살든 못살든 모두가 괴로움에 몸부림치게 될 것이다. 지금 기후변화를 부정하고 기후보호의 필요성을 부정하는 사람들도 이 사실만큼은 분명히 알아야 한다.

1부

벼랑 끝에 선 세계

성장의 한계

기후 위기는 인류가 당면한 가장 어려운 문제 중 하나다. 인류의 현재 생활은 지속 가능하지 않은데, 즉 우리가 미래 세대의 삶을 희생시켜 살아간다는 말이다. 인류가 잘못된 방향으로 나아가고 있다는 것을 보여주는 신호는 지금도 이미 쉽게 찾아볼 수 있다. 기후 위기를 비롯해 생물다양성이 줄어들고 있는 것도 그중 하나다.

지구는 태양계에서 유일하게 생명체가 살아갈 수 있는 조건을 갖춘 행성으로, 생명이 탄생할 수 있는 유일한 행성이기도 하다. 그런데 아주 작은 단세포 생물부터 지구상의 가장 큰 생명체였던 대왕고래까지, 지구상에 존재했던 수많은 생명체 중 많은 수가 인간의 희생양이 되어 완전히 멸종해 버렸다. 인간의 직접적인 포획과 더불어 기후변화도 생물이 멸종하는 데에 영향을 미치는데, 인간이 생물에 직접적으로 미치는 영향에 더해 기후변화가 추가적인 스트레스를 주었기 때문이다. 게다가 앞으로는 기후변화가 생물의 멸종에 직접적으로 작용할 수 있다. 예를 들면 지구온난화로 바다 온도가 너무 높아져서 열대 산호가 더 이상 살아갈 수 없게 되는 것이다. 현재 생물 멸종률은 인류 역사상 전례 없는 정도로 높아졌고, 생물다양성도 충격적일 만큼 줄어들어 인류의 안락한 삶을 위협하고 있다.[1] 요즘 세계적으로 큰 문제가 되고 있는 것처럼 꿀벌 군집지가 붕괴되는 현상도 세계 전체로 보면 빙산의 일각에 불과하다. 그렇지만 어쨌든 지난 일은 덮어두고 이제 우리가 해야 할 일에 집중해야 한다. 인간이 이기심으로 지구라는 푸른 행성을 착취하는 대신 우리의 생활 방식만 완전히 바꿔도 지구상에 함께 살아가는 수많은 생물을 지켜낼 수 있으니 말이다.

그러나 우리가 따로 행동한다면 기후 문제는 해결할 수 없다. 모두 함께 지속 가능한 길로 나아갈 방법을 찾아야만 현재 우리가 처한 모든 문제를 한 번에 해결할 수 있다는 말이다. 이런 점에서 로마 클럽CLUB OF ROME은 현대 지속가능성 연구의 시초로 여겨지곤 한다. 환경과 개발에 관해 논하는 세계적 위원회인 브룬틀란 위원회[2]가 1987년에 정의한 바에 따르면, 지속가능성이란 '미래 세대가 생활에 필요한 것을 얻을 수 있고 자신이 원하는 생활 방식을 스스로 선택할 가능성을 없애지 않으면서도 현 세대가 필요로 하는 것을 충족하는' 방식으로 발전하는 것을 말한다.[3] 로마 클럽은 이탈리아 출신 기업가 아우렐리오 페체이Aurelio Peccei와 스코틀랜드 출신 과학자 알렉산더 킹Alexander King이 1968년 공동 설립한 여러 분야의 다국적 전문가로 구성된 비영리단체로, 인류의 지속 가능한 발전을 주제로 다루는 일종의 싱크탱크라고 보면 된다. 로마 클럽은 창립 당시에 이미 인류가 잘못된 방향으로 나아가고 있으며, 기술이 진보한다고 한들 우리가 직면한 이 엄청난 문제를 해결할 수 없다는, 당시로서는 혁명적인 관점을 제시했다.

로마 클럽은 세계인의 삶을 장기적으로 위협하는 정치, 사회, 경제, 기술, 심리, 문화, 환경과 관련된 복잡한 문제들을 정리해 1970년 세계의 난제를 정의했는데[4], 이런 세계의 난제를 해결하고 답을 찾기 위해서는 당연히 자원 소비, 환경, 경제 사이의 복잡한 상호 관계를 모두 고려해 체계적인 사고를 해야 한다. 당시 컴퓨터 시뮬레이션을 활용하여 복잡한 산업 문제를 연구하고 있던 컴퓨터공학의 선구자이자 컴퓨터 동적 시스템 이론의 창시자인 미국의 컴퓨터공학자 제이 라이트 포레스터 Jay Wright Forrester가 로마 클럽 회원들에게 컴퓨터 모델 기법을 활용해 로마 클럽의 아이디어를 과학적으로 입증하고 시나리오로 만들어 미래를 시뮬레이션해 보자는 제안을 했다. 이 프로젝트는 독일 폴크스바겐 재단이 100만 마르크를 지원하고, 미국 경제학자 데니스 메도스 Dennis Meadows가 프로젝트 관리를 맡았다.[5]

포레스터와 메도스는 인구변화, 식량 생산, 산업화, 환경오염, 재생되지 않는 천연자원 소비라는 다섯 가지 변수만 가지고 세계를 컴퓨터 모델로 만든 다음, 이 다섯 가지 변수 간의 상관관계를 수학 방정식으로 구현해 컴퓨터 프로그램으로 풀 수 있게 만들었다. 이렇게 가상 세계를 구축해 실험을 진행하고, 각 변수의 값을 변경하여 어떤 상황이 전개되는지를 관찰하는 것이 프로젝트의 핵심이었다. 연구 당시에는 다섯 가지 변수가 실제로 모두 증가하고 있었다. 연구팀은 주로 이 다섯 변수가 증가하는 추세를 조절해 세계가 앞으로 지속 가능한 방식으로 발전할 수 있는지 그 가능성을 확인하는 데에 중점을 두었는데, 이 과정에서 지구상에 남아있는 자원의 양, 농업 생산의 효율성, 출생률과 사망률, 환경오염 등의 정보를 다양하게 설정한 시나리오를 만들어 활용했다. 보통 이런 식의 계산은 시나리오를 어떻게 선택하느냐에 따라 그 결과가 달라지기 때문에 투사projection라고도 한다. 즉, 로마 클럽이 활용한 컴퓨터 시뮬레이션은 엄밀히 말해 미래를 예측한 것은 아니었지만, 세계가 어떻게 작동하는지를 알려주는 중요한 역할을 했다.

로마 클럽은 설립 4년 후인 1972년 「성장의 한계」라는 보고서에서 이 시뮬레이션 결과를 발표했다.[6] 당시 이 연구는 굉장한 반향을 일으켜 로마 클럽이 전 세계의 엄청난 관심을 받게 되었다. 이 보고서는 30개 언어로 번역되었고 수백만 부가 판매되었으며, 그때까지만 해도 끝없는 성장을 추구하는 것이 당연시되던 분위기에 의문을 제기했다. 로마 클럽은 이 보고서를 통해 "인구 증가, 산업화, 환경오염, 식량 생산, 천연자원 착취가 지금처럼 계속된다면 앞으로 100년 안에 성장은 완전한 한계에 도달한다.”라는 매우 분명한 메시지를 전했다. 이는 결국 ‘환경이 돌이킬 수 없을 정도로 파괴되거나 자원이 고갈되지 않게’ 하려면 우리가 ‘완전히 새로운 접근법’을 찾아야 한다는 말이었다.

이 보고서의 메시지는 지금 그 어느 때보다도 우리의 마음에 와닿는데, 인류가 이 보고서에서 언급한 한계로 나아가고 있다는 것은 부정할 수 없는 사실이며, 정치인이나 경제 엘리트 대다수 역시 반박하지 못하는 진실이기 때문이다. 그런데도 인류는 삶의 방식을 지속 가능하게 바꾸지 못하고 있다. 2020년에 개최된 제50차 세계경제포럼(다보스 포럼) 참석자들은 우리가 지금 행동해야 한다는 데에 뜻을 모았다. 당시 다보스 포럼의 주된 논리는 인류가 지금 과하게 풍요로운 삶을 살고 있으며, 이런 생활 방식이 결국 지구를 비롯해 세계경제까지 위협하고 있다는 것이었다. 그해 세계경제포럼의 핵심 의제는 기후변화였고, 참석자들 역시 지구온난화를 제한하기 위한 조치가 현재 충분하지 않다는 점에 전반적으로 동의했다. 유일하게 이를 거부한 사람이 바로 도널드 트럼프 전 미국 대통령이었는데, 트럼프 전 대통령은 오히려 기후 보호를 위해 노력하는 사람들을 비난하던 사람이니 사실 그리 놀라운 일은 아니었다. 그나마 다행이라면 트럼프 전 대통령의 이런 행태가 미국 전체의 입장을 대변하지는 않는다는 것이었다.

국제 환경 연구기관인 국제 생태발자국 네트워크Global Footprint Network[7]는 생태발자국을 토대로 하여 매년 지구가 완전히 한계에 도달하는 '지구 생태 용량 초과의 날Earth Overshoot Day[8]'을 계산하는 일을 한다. 지구 생태 용량 초과의 날은 자원 소비와 인간의 행동이 지구에 미치는 영향을 나타내는 지표로, 해당 연도에 사용할 수 있는 지구상 모든 지속 가능한 자원이 소진되는 날을 의미하는데, 2019년에는 이날이 7월 29일이었다. 즉 인류는 생태계가 1년간 생산할 수 있는 모든 나무, 식물, 식량, 물고기를 불과 7개월 만에 몽땅 써버린 것이다. 게다가 인간은 이산화탄소를 비롯한 온실가스를 자연의 순환 과정에서 일부 흡수되는 양보다 훨씬 더 많이 대기 중에 방출한다. 현재 인간의 생태발자국 중 약 60퍼센트를 차지하는 것이 화석연료의 연소 과정에서 발생하는 이산화탄소 배출이다. 인간이 지구를 함부로 남용한 결과가 점점 더 분명하게 나타나고 있는 상황이며, 지구온난화는 그 수많은 결과 중 '단 하나'일 뿐이다. 그 외에도 우리가 지속가능성을 고려하지 않고 있다는 신호로는 앞서 언급한 생물다양성 감소, 전 세계 바다에서 벌어지는 어류 남획, 삼림 벌채, 토양 황폐화, 육지의 쓰레기 더미, 바닷속 플라스틱 쓰레기 등도 있다. 개인적으로는 많은 나라에서 빈부 격차가 심화되고 있는 것도 역시 지속가능성이 지켜지지 않는다는 신호라고 생각한다.

국제 생태발자국 네트워크에 따르면 인류는 지금 기본적으로 지구가 1.75개 있어야지만 가능한 수준으로 살아가고 있다. 그런데 안타깝게도 지구는 단 하나뿐이니, 우리는 지금 다음 세대를 희생시키며 살아가고 있는 셈이다. 2019년 지구 생태 용량 초과의 날은 2018년보다 3일 더 빨랐다. 그런데 지난 수십 년간 지구 생태 용량 초과의 날은 점점 빨라지는 추세인데, 즉 인간이 지구를 남용하는 속도가 점점 빨라지고 있다는 것이다. 1987년 지구 생태 용량 초과의 날은 12월 19일이었지만, 선진국과 신흥국에서도 자원 소비가 늘어나고 인구가 급격히 성장하면서 지구 생태 용량 초과의 날이 갈수록 앞당겨지고 있으며, 2019년 지구 생태 용량 초과의 날은 7월 29일이었다.

그렇다면 독일 사람들은 지금 어떻게 살고 있을까? 만약 전 세계 인구가 독일인과 똑같이 생활한다면 지구가 무려 세 개 넘게 필요하다. 그러니 독일과 같은 선진국에서 에너지와 원자재 소비를 먼저 줄여야만 적어도 상황이 지금보다는 나빠지지 않을 것이다.[9] 여기서 우리가 지금 '버리는 사회'에 살고 있다는 것을 생각해야 한다. 전 세계적으로 생산된 식료품의 3분의 1이 식탁에 오르지도 못한 채 버려진다. 독일 가정에서 버리는 식료품의 양만 해도 연간 약 670만 톤으로, 독일인 한 명당 연간 80킬로그램의 식료품을 버리는 셈이다.[10] 버려지는 식료품 중에는 아직 충분히 먹을 수 있는 것들도 많으며, 식료품을 버린다는 것은 경작지나 물처럼 필수적인 자원을 불필요하게 낭비하는 것이기도 하다. 심지어 식료품을 생산하는 과정에서 온실가스가 배출된다는 점까지 감안하면, 정말 말도 안 되는 일이 아닐까?

국제사회는 2015년 파리기후협정을 맺어 인간이 일으킨 기후변화에 대응하기 위한 방안을 마련했다. 참고로 이 협정은 지구 온도가 산업화 이전과 비교해 2도 이상 높아지지 않게 제한하며, 심지어는 이를 1.5도까지 제한하도록 노력하겠다는 합의였다. 그리고 지금까지 지구 온도는 이미 1.1도 상승했다. IPCC가 2018년 발표한 「지구온난화 1.5℃」 특별보고서[11]에는 "지구온난화 1.5℃ 제한을 달성하기 위해서는 … 에너지, 토지, 도시, 인프라(교통 및 건물 포함), 산업 부문의 시스템이 빠르고 폭넓게 바뀌어야 한다. 이때 시스템을 바꾼다는 것은 지금까지와는 차원이 다른 정도로 바꾸는 것을 말한다."라는 내용이 제시되어 있다.

지구온난화가 아직 심각한 문제로 떠오르기 전에 작성된 로마 클럽의 보고서 「성장의 한계」와 IPCC의 「지구온난화 1.5℃」 특별보고서 모두 인류가 자원 낭비를 멈춰야 한다는 점을 강조한다. 이런 식으로 가다가는 정말 지구에서 살아가기가 어려워질 수 있다는 것이다. 그러니 우리는 지금의 생활 방식을 근본적으로 바꿔야 하는데, 기후 보호와 관련해서는 특히 향후 30년 이내에 전 세계 에너지를 신재생에너지로 전환하고 화석연료 사용을 크게 줄여야 한다. 또 그 과정에서 교통체계도 완전히 새롭게 바꿔야 한다. 인류는 지금 기후 위기 극복이라는 정말 큰 과제를 마주하고 있다. 그러나 아직 지구상에 매장된 화석연료가 많다는 이유로 세계경제의 에너지 전환은 느리게 이루어지고 있는 실정이다. 사실 매장된 화석연료 자체를 캐내지 않고 그대로 두는 것이 맞는데, 화석연료를 가진 국가로서는 재산을 포기하는 것이다 보니 채굴을 멈출 마음이 전혀 없는 것이다.

프란치스코 교황은 환경에 관한 회칙 '찬미받으소서Laudato Si'[12]에서 지속가능성의 부족을 주제로 다루었다. 보통 종교와 과학은 거리가 멀다고 생각하지만, 프란치스코 교황은 과학은 대지의 목소리를 들려주는 도구라면서 지속가능성에 대한 과학적 근거를 함께 제시하기도 했다. 프란치스코 교황은 이 회칙에서 환경 파괴는 가난한 다수에 대해 부유한 소수가 저지르는 폭력적 행위라면서 기술로 세계를 지배하는 소수의 사람들이 자원을 무분별하게 소비하는 행태를 비판했다.

이처럼 기후 문제는 환경 문제일 뿐만 아니라 사회 정의의 문제이고, 또 세대 간 문제이기도 하다. 그러니 스웨덴의 기후 운동가 그레타 툰베리Greta Thunberg를 비롯한 학생들이 기성 정치인들과 기업들이 환경 파괴를 방관할 뿐 아니라 심지어 환경에 유해한 보조금까지 지원하고 있다며 비판하고 나서는 것도 당연하다.[13] 툰베리를 비롯한 학생들은 '미래를 위한 금요일' 시위를 통해 지금 결정권을 가진 어른들이 과학이 말하는 진실에 귀를 기울이지 않고, 코앞까지 다가온 기후 재앙에 아무런 대응도 하지 않는데 정작 피해를 보는 것은 다음 세대인 자신들이라는 불공평한 상황을 비판하며 이에 대한 관심을 촉구하고 있다.

극단적 기상현상

지난 수십 년간 지구 온도는 자연적 현상이라고는 도저히 설명할 수 없을 정도로 빠르게 상승했는데, 이렇게 지구 온도가 높아지면 극단적 기상현상의 빈도와 강도가 모두 높아진다. 독일에서는 2018년에 이런 변화를 분명히 느낄 수 있었다. 2018년 여름은 정말 길고 더웠고, 심지어 심한 가뭄까지 더해지면서 많은 사람들이 기후변화의 심각성을 깨닫는 결정적인 계기가 되었다. 그때까지는 인류가 일으킨 기후변화가 지구온난화로 이어졌고 이것이 독일의 미래를 바꿀 수 있다는 것을 사람들이 추상적으로만 어렴풋이 느꼈다면, 이제는 직접 피부로 느끼기 시작한 것이다.

독일은 2018년 처음으로 세계에서 극단적 기상현상의 영향을 가장 크게 받은 3개 국가 중 하나로 선정되었는데, 이는 환경 및 개발단체 저먼워치Germanwatch가 매년 발표하는 기후 위험 지수Climate Risk Index[14]에 따른 결과다. 기후 위험 지수는 각국이 홍수·폭풍·폭염과 같은 극단적 기상현상의 영향을 받는 정도를 보여주는 지수로, 이런 극단적 기상현상으로 인한 사망자 수나 직접적인 경제적 손실 등 인간이 받는 영향을 조사해 발표하

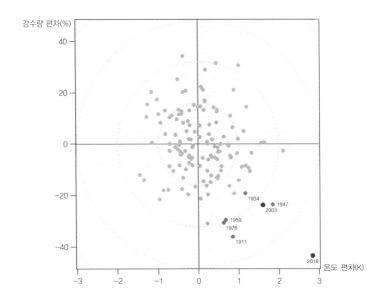

그림 2. 전 세계 기준 1961~1990년의 기온 및 강수량과 1991~2018년(4월부터 11월까지) 독일 전역의 기온 및 강수량 사이의 편차. 회색으로 표시된 부분은 각 값의 평균 50퍼센트 부분이다.

출처: 독일 기상청, 2019[15]

는 것이다. 물론 이 지수만 봐서는 기후변화가 극단적 기상현상에 어떤 영향을 미치는지 알 수는 없지만, 적어도 우리에게 경고를 주는 신호 역할은 한다. 2018년에 독일이 일본과 필리핀에 이어 세계에서 세 번째로 극단적 기상현상의 피해를 크게 입은 국가였다는 것도 참으로 많은 것을 일깨워 주었으니 말이다. 당시 독일이 극단적 기상현상으로 입은 피해액은 약 45억 유로에 달했다.

[그림 2]는 2018년 여름의 기상은 독일에서 아주 이례적인

것이었음을 보여준다. 이 도표는 1881년 독일 기상관측이 시작된 이후 4월부터 11월까지 독일의 평균 기온과 강수량을 국제 표준 참조기간인 1961년부터 1990년까지의 측정값과 비교했을 때의 편차를 제시한 것이다. 엄밀히 말하면 이 도표에서 기준으로 삼은 4월부터 11월까지라는 기간은 기상학적 관점에서의 여름인 6월부터 8월까지와는 조금 차이가 있지만, 설명을 쉽게 하기 위해 편의상 여름이라고 하겠다. 2018년 여름은 빨간색 점으로 표시되며, 오른쪽 맨 아래에 위치했다. 그해 여름은 독일 전국 평균 기온으로 봤을 때, 기상관측이 시작된 이래 가장 덥고 건조한 여름이었다. 심지어 아직도 많은 사람들이 기억할 정도로 엄청나게 더웠던 2003년 여름[16]을 훨씬 뛰어넘을 정도였다. 이 2003년 여름도 오른쪽 하단 사분면에 빨간 점으로 표시되어 있다. 그리고 2018년 4월부터 11월까지 독일의 평균 기온은 기준 기간과 비교해 거의 3도 높았으며, 강수량은 약 40퍼센트 낮았다.

기상관측이 시작되고 나서 이런 여름은 처음이었다. 2018년 여름이 이렇게 유독 더웠던 이유는 당시 봄부터 가을까지 가뭄이 심했고, 고온 현상이 오랫동안 계속되었기 때문이다. 하지만 2018년에는 기온이 40도를 넘은 적이 없었고, 사상 최고 기온을 기록하지도 않았다. 사상 최고 기온을 경신한 것은 오히려 전체적으로는 2018년보다 조금 덜 더웠던 2019년 여름이었으니, 이제는 여름 무더위가 매우 다양한 형태로 나타나고 있다고 볼 수 있다. 가령 100년 만의 무더위가 찾아왔던 2003년 여름은 늦여름인 8월에 이례적인 폭염이 있었던 것이 특징이었다.

지난 몇 년간 전 세계 많은 지역에서 지금까지 찾아볼 수 없었던 심한 가뭄이나 폭우 같은 극단적 기상현상이 나타났다. 이런 날씨 때문에 수많은 사람이 목숨을 잃었고 막대한 경제적 피해가 발생해, 다른 국가에서 발생한 사건이라도 독일에서까지 언론의 엄청난 조명을 받을 정도였다. 그럼에도 독일에는 아직도 기후변화를 실감하지 못하는 사람이 많다. 이미 세계 일부 지역에서 지구온난화의 영향을 크게 받고 있는데도, 이런 변화를 그냥 개별적인 사례나 아주 예외적인 경우로 치부해 버림으로써 세계 다른 지역에서 일어나는 이런 극단적 기상현상이 독일에서는 일어나지 않을 거라고 생각하는 것이다.

물론 현실은 생각과 다르다. 가령 2017년 허리케인 하비Harvey 때문에 미국 텍사스주 휴스턴시가 크게 침수되었는데, 미국에서 그렇게 비를 많이 내린 허리케인은 처음이었다. 일부 지역에서는 단 4일 만에 1평방미터당 1,500밀리미터 이상의 비가 내릴 정도였으니 말이다. 독일에서 강수량이 많은 지역으로 손꼽히는 함부르크에서도 연간 강수량이 약 700~800밀리미터라는 점을 고려하면 정말 엄청나게 퍼부은 셈이다. 허리케인 하비로 폭우가 쏟아지자, 미국 기상청이 이 전례 없는 강수량을 표로 보여주기 위해 기존 강수량 도표에 새로운 색을 추가해 단계를 더 만들어야 할 정도였다. 당시 100명이 넘는 사람이 목숨을 잃었고, 수만 명이 집을 잃었다. 2018년 여름 전까지 다수의 독일인들이 그래도 독일은 안전하다고 생각했다. 만약 미국처럼 극단적 기상현상이 일어난다 해도 독일은 휴스턴과 달리 잘 통제하고, 문제를 잘 해결할 수 있으리라 믿었던 것이다. 하지만 독일이 기후변화의 영향을 크게 받지 않으리라는 생각은 터무니없는 착각이다.

2018년 여름을 겪으면서 독일의 많은 이들이 지구 온도가 계속 이렇게 상승한다면 어떤 결과로 이어질 것인지를 깨닫게 되었다. 2018년은 말 그대로 기록적인 해였다. 프랑크푸르트 암마인에서는 기온이 25도 이상 올라간* 여름 날씨가 100일이 넘게 기록되었다. 독일의 다른 많은 지역에서도 기온이 30도를 넘는 더운 날이 역대 최장기간 이어졌다. 일부 지역에서는 이런 '폭염일'이 30일을 훨씬 넘게 이어지기도 했다. 기온이 한없이 올라가면서 많은 사람들이 적응하기 힘들어했고, 건강에 심각한 문제가 생긴 사람도 있었다. 게다가 독일 내 많은 지역에서 전례 없는 극심한 가뭄을 겪었다. 원래는 일 년 내내 비가

* 이 책에서 온도는 모두 섭씨를 기준으로 한다.

내리던 독일 북부 지역에서 비를 그리워하게 될 것이라고 누가 상상이나 할 수 있었을까? 심각한 가뭄이 이어지면서 땅바닥이 쩍쩍 갈라져 곡물과 채소 수확에 막대한 손실이 발생했다. 땅이 말라 풀이 자라지 못하다 보니 젖소가 먹을 풀도 부족해지고, 문을 닫을 위기에 처한 농장도 많았다. 독일 연방식품농업부는 당시 가뭄으로 인한 피해액을 약 7억 7,000만 유로로 추산했다.[17]

동독 일부를 포함한 몇몇 지역에서는 심지어 이런 가뭄 때문에 일어난 산불이 걷잡을 수 없이 번져 나가기도 했다. 독일에서는 그때까지만 해도 산불은 미국의 캘리포니아와 같은 다른 나라 일이라고만 생각했었다. 여기에 설상가상으로 숲까지 죽어가기 시작했다. 오늘날 기후변화로 인해 숲이 파괴되는 현상에 대해서는 '숲의 죽음 2기 Waldsterben 2.0'[18]라는 표현까지 등장했다. 숲의 죽음 1기는 1970년대에서 1980년대까지 산성비로 인해 숲이 죽어갔던 시기를 말한다. 당시 산성비 문제는 화력발전소에 석탄 화석연료를 연소할 때 발생하는 황산화물을 제거하는 탈황 설비를 설치하면서 대기질이 개선되자 어느 정도 해결되었다. 율리아 클뢰크너 Julia Klöckner 독일 연방환경부 장관도 초청받아 참석했던 2019년 국내 산림회담과 관련해 독일 연방환경부는 홈페이지에 '폭풍, 극심한 가뭄, 평균 이상으로 잦은 산불, 나무껍질 딱정벌레로 인한 병충해가 2018년 숲에 심각한 피해를 유발하였으며, 2019년에도 숲에 막대한 영향을 미칠 것'이라는 내용을 발표하며 숲의 피해를 알리기도 했다.[19]

수년 전, 급격한 기후변화에 숲이 적응할 수 없을 거라던 학계의 경고가 이제는 현실이 되고 있다. 그런데 숲이 파괴되는 이런 문제는 앞으로 더 심각해질 수 있다. 21세기 말까지 지구 온도가 산업화 이전보다 3도 이상 높아진다면, 기후모델 시뮬레이션에서 예측한 것처럼 가뭄도 지금보다 길어질 것이기 때문이다. 현재 상태로는 이 예측이 현실이 될 가능성이 매우 높아, 독일 북부에서는 가뭄 발생이 최대 3분의 1, 독일 남부에서는 심지어 두 배까지 늘어날 것으로 볼 수 있다.[20] 독일에서 숲이 사라지지 않는다는 보장이 없다는 것이다. 또 지난 수십 년간 산림 관리에 실수가 있었다는 점도 악영향을 미쳤다. 가령 브란덴부르크 지역에서는 삼림의 70퍼센트가 소나무인데, 특히 소나무만 자라는 숲에서는 병충해와 화재가 더 쉽게 퍼지기 때문이다.

농업과 임업이 날씨의 영향을 크게 받는다는 것은 이해하기 쉽지만, 다른 산업 부문에서는 심지어 업계의 지도자들조차도 자기 분야가 극단적 기상현상에 굉장히 취약할 수 있다는 것을 잘 몰라, 그 사실을 알고 난 후 놀라곤 한다. 2018년 폭염으로 어려움을 겪은 것은 산업 분야도 마찬가지였다. 극심한 가뭄으로 강물이 말라버려 주로 강에 배를 띄워 이루어지는 유럽 내 운송이 제한되고, 심지어 아예 완전히 중단되는 경우까지 생기면서 상품을 공급할 수 없게 되었다. 독일 라인 강 수위가 너무 낮아 운송이 어려워지니 바스프나 티센크루프 등의 기업들은 생산을 줄일 수밖에 없었고, 결과적으로 상당한 재정적 손실이 발생해 주가에도 영향을 미쳤다. 수로를 통한 공급이 난항을 겪으며 휘발유 공급도 줄어 연료 가격이 상승하기도 했다. 독일 킬 세계경제연구소의 연구원 가브리엘 펠버마이어Gabriel Felbermayr의 추정에 따르면 당시 가뭄으로 라인강 수위가 낮아져 결국 2018년 경제성장률이 0.3퍼센트포인트 하락했다고 한다.[21] 그 밖에도 기온이 너무 높아 독일의 여러 고속도로를 비롯해 하노버 공항의 활주로에도 손상이 생겼다. 심각한 가뭄이 재래식 에너지 생산에 영향을 미치기도 했다. 가령 폭염으로 이미 수온이 올라간 강에 원자력발전소의 냉각수가 배출되면 강의 수온이 더 높아지고 산소가 부족해져 강의 물고기가 폐사하는 등의 문제가 생길 수 있어 원자력발전소의 출력을 제한해야 했던 것이다. 반면에 독일 내 신재생에너지를 활용한 전력 생산 비율은 40퍼센트를 뛰어넘어 최고치를 기록했고[22], 2019년에는 심지어 46퍼센트를 넘어서기까지 했다.[23]

2018년에 기상 상황이 좋지 않았던 것은 독일뿐만이 아니었다. 가령 스웨덴에서는 전례 없는 폭염과 가뭄으로 북극권까지 산불이 걷잡을 수 없이 퍼져 나갔고, 북극권 북부 지역에서 기온이 때때로 30도를 넘기도 했다. 프랑스도 당시 뜨거운 여름을 보냈다. 독일과 프랑스 사이 국경에 위치한 프랑스의 페센하임 원전에서는 폭염으로 원자로 2기 중 하나가 생산을 완전히 멈췄고, 다른 원자로는 가동하긴 했지만 전기 생산량이 줄었다. 남부 유럽에는 가을에 폭풍이 불어닥쳐 스페인, 이탈리아, 크로아티아, 오스트리아, 스위스 같은 나라에서 강풍과 폭우로 폭풍 피해, 홍수, 폭풍해일, 산사태, 정전 등이 발생했다. 독일인이 가장 사랑하는 휴양지인 스페인 마요르카섬도 폭우와 돌풍의 영향을 받아 섬 곳곳에 10월에 기록적인 폭우가 내렸다. 마요르카의 콜로니아 데 산 페레 지역에는 24시간 동안 평방미터당 232.8리터의 비가 내렸는데, 이는 30년 전에 이 지역에서 강수량을 측정하기 시작한 이래 가장 많은 비가 내린 것이었다.

지구온난화로 인해 지중해 온도가 높아지면서 수십 년 전과 비교해 바닷물이 증발되는 양이 많아졌다. 그런데 바닷물이 증발되어 수증기로 변하는 과정에서 대기의 에너지가 세지면서 꼭 그 지역뿐만 아니라 훨씬 더 북쪽에 위치한 지역까지 폭풍우의 영향을 받게 되는데, 이는 곧 독일도 지중해 바다의 온도 상승으로 인한 영향을 받는다는 말이다.[24] 당시 높은 파도를 동반한 거센 폭풍은 마침내 11월에 일 년 내내 온화한 날씨를 자랑하는 스페인의 휴양지인 카나리아 제도까지 휩쓸고 지나갔다. 당시 카나리아 제도 중에서도 테네리페섬 북부 해안이 특히 심한 피해를 입었는데, 6미터 높이의 파도가 타코론테 시 근처 아파트 2층까지 들이쳐 발코니를 삼켜 버리는 모습을 담은 영상은 아직도 많은 유럽 사람들이 기억하고 있다.[25]

이렇듯 2018년 날씨는 굉장히 이상했다. 물론 날씨가 매년 그렇지는 않을 것이고, 날씨가 곧 기후인 것도 아니다. 하지만 2018년 날씨는 마치 우리가 지금 기후 보호를 위한 노력을 하지 않는다면 앞으로 휴가는 꿈도 꿀 수 없는 힘든 미래가 찾아올 거라고 경고하는 것 같았다. 그리고 이 경고가 진짜라는 것을 증명이라도 하듯, 2019년 여름은 여러 면에서 2018년 여름을 뛰어넘었다. 2019년 6월은 기상관측이 시작된 이래 독일을 비롯한 전 세계에서 가장 무더운 6월이었다.

독일의 2019년 6월 기온은 1961년부터 1990년 사이의 평균 기온보다 4.4도 높았다. 2019년 7월 25일에는 니더작센주의 링겐 지역 기온이 42.6도를 기록하면서 그때까지 최고 기온이었던 2015년 독일 중남부 키칭엔 지역의 40.3도를 뛰어넘고 독일에서 기상관측을 시작한 이래 가장 더웠던 날이 되었다. 독일 16개 연방주 중 6개 주에서 2019년 7월에 최고 기온 기록이 깨졌다. 또 독일 전국 23개 기온 측정소 여러 곳에서도 40도를 넘는 기온이 관측되는 등 2019년은 독일 전국적으로 1881년에 기상관측이 시작된 이래 2014년에 이어 두 번째로 더운 한 해였다.

2019년은 전 세계적으로도 2018년에 이어 역대 두 번째로 더운 해였다. 독일 외 세계 다른 지역에서도 2019년에 역대 최고 기온을 경신했는데, 가령 프랑스 남부에 위치한 에로주의 베라르게에서는 6월 28일 기온이 46도를 기록하면서 프랑스에서 역대 가장 더운 날이 되었다. 프랑스 정부는 2003년 폭염 이후 폭염경보 계획을 비롯해 폭염 피해를 막기 위한 특별 예방책을 마련했다. 그 덕택인지 2019년에는 열사병으로 인한 사망 사례가 2003년과 비교해 약 10퍼센트 정도에 '불과한' 1,500건뿐이었다.[26] 하지만 이런 조치에도 불구하고 더운 것은 어쩔 수 없어, 프랑스에서는 2019년 폭염으로 전국 각지에 적색경보가 발령되었고, 학교는 문을 닫았으며, 공개 행사는 취소되었다.

지중해에서도 2019년에 극심한 폭풍이 발생했다. 스페인 남부의 여러 지역에서도 처음으로 9월에 심한 폭우와 홍수를 겪었는데, 스페인 발렌시아주 알리칸테시에서는 2명이 사망했고, 발렌시아 남부 온티넨트시에서는 24시간 강수량이 거의 300리터에 달했다. 스페인 기상청은 스페인에서 1917년 기상 관측이 시작된 이래 이 지역에서 발생한 가장 심각한 폭풍이었다고 발표했고, 당시 경제적 피해도 수십억 달러에 달했다.

물론 유럽에서만 이런 기록적인 기상이변이 발생한 것은

당연히 아니었다. 2019년 10월 12일 일본 도쿄에서 불과 130 킬로미터 떨어진 곳에 슈퍼태풍 '하기비스'가 상륙한 것이다. 이 태풍은 2년 전 텍사스주 휴스턴을 강타해 심각한 홍수 피해를 낸 허리케인 '하비'와 마찬가지로 바다 위에 비정상적으로 오래 머무르는 동안 엄청난 에너지를 모으고 있던 상태였고, 그 결과 열대성 저기압 에너지로 인해 일본에서 역대 최대 폭우가 발생했다. 호주도 최근 기상이변을 경험하고 있다. 호주가 원래 더운 편이란 것을 감안해도 심각한 정도의 더위와 지금껏 경험하지 못한 극단적인 가뭄이 나타나다 보니, 진짜 지구 종말이 오는 것이 아닌가 걱정될 정도다. 호주의 여러 지역에서는 산불이 걷잡을 수 없이 퍼져나가, 2019년에서 2020년 초에 걸쳐 엄청난 산불 피해가 발생하는 등 상황이 심각했다. 호주의 사례는 특히 지구온난화가 지금처럼 계속된다면 세계 일부에서는 사람이 더 이상 살아갈 수 없게 될 수도 있다는 것을 전 세계에 보여주었다.

이처럼 세계적으로 극단적 기상현상이 더 자주, 그리고 더 강하게 일어나게 하는 이유 중 하나가 바로 지구온난화일 수 있다. 2010년부터 2019년까지의 10년은 전 세계적으로도 기상관측이 시작된 이래 가장 더운 10년이었다. 앞서 [그림 1]에서 제시한 10년간 기온 중간값은 단기간에 온도가 급변하는 것을 제외하고 계산한 것이기 때문에, 지난 수십 년간 기온이 급격히 상승하는 추세라는 것을 매우 잘 알 수 있다.

우리가 대기 중에서 일어나는 지구온난화 과정에 대해 정확히는 잘 모른다고 해도, 추운 날이 줄어들고 더운 날은 늘어나며 앞으로 최고 기온이 계속 경신될 것이라는 정도는 쉽게 알 수 있다. 더운 공기는 일반적인 공기보다 많은 에너지를 가지고 있다. 기후모델로 시뮬레이션해 보면, 지구의 기온이 앞으로 계속 높아진다면 우리가 최근 경험했던 극단적 기상현상이 더욱 빈번하고 강하게 나타난다는 예측이 나온다. 우리는 최근 경험을 통해 이런 극단적인 날씨에는 심지어 지구조차도 적응하기 어렵다는 것을 알게 되었다. 따라서 기후변화로 인해 앞으로 발생할 더욱 심각한 기상현상은 훨씬 더 통제하기 어려울 것임이 분명하다.

호주는 기후 문제의 '후쿠시마'가 될까?

2011년 일본 후쿠시마 원전 사고를 계기로 독일은 완전한 탈핵을 추진했었다. 그렇다면 우리가 기후변화에 대한 현재 상황을 역전하기 위해서도 '후쿠시마' 같은 계기가 있어야 하는 걸까? 지금처럼 아무것도 하지 않는 상태가 수십 년간 이어진다면, 그 결과는 지금 우리가 상상도 할 수 없을 정도로 심각할 것이다. 이런 점에서 호주는 최근 몇 년간 그 결과를 미리 체험해 보고 있는 것 같다.

호주를 비롯한 오세아니아 대륙의 기온은 최근 여러 차례 최고점을 찍고 있는데, 우리와 계절이 반대인 호주에서 2018년 12월은 1910년[27] 기상관측 이래 호주에서 가장 더운 12월*이었다. 하지만 이는 겨우 시작에 불과했다. 그로부터 고작 한 달 후인 2019년 1월의 기온은 이보다 더 높아 다시 최고 기온을 경신한 것이다. 그러니 2018년에서 2019년으로 넘어가던 해 여름이 호주에서 기상관측이 시작된 이래 가장 더운 여름이었던 것도 놀라운 일은 아니었다.[28] 2019년 1월에 호주 퀸즐랜드

---

* 남반구와 북반구의 계절은 반년 차이가 난다.

주에 위치한 작은 도시 클론커리에서는 기온이 40도를 넘는 날이 무려 43일이나 이어졌고, 뉴사우스웨일스주의 누나시에서도 2019년 1월 17일에서 18일로 넘어가는 밤 기온이 39.5도 아래로 떨어지지 않아 호주에서 가장 뜨거운 밤이었다. 열대야가 특히 위험한 이유는 밤에 기온이 너무 높으면 편안하게 자거나 쉴 수 없어 우리 몸이 낮 동안 받은 뜨거운 열기에서 회복하지 못하기 때문이다.

하지만 이게 끝이 아니었다. 이듬해 여름인 2019년 12월 17일 호주를 비롯한 오세아니아 대륙 전체의 일평균 최고 기온이 40.9도를 기록하자마자 그다음 날 바로 다시 41.9도를 경신한 것이다. 심지어 그다음 날에는 호주 남부의 눌라버 지역에서 기온이 49.9도라는 말도 안 되는 수준까지 치솟으며, 호주에서 역사상 가장 더운 12월이 되었다. 당연히 2019년 12월도 2019년 1월을 넘어 호주에서 가장 더웠던 한 달이었고, 결국 예상대로 2019년이 호주에서 가장 더운 한 해가 되었다.

특히 호주 동부 지역에서는 무더위와 더불어 수개월간 가뭄까지 겹치면서 산불이 발생할 위험이 극도로 높아졌다. 2019년은 기상관측 이래 호주에서 가장 더울 뿐만 아니라 가장 건조하기도 한 해였다. 따라서 2019년에 보통 산불이 일어나는 시기보다 이른 11월에 이미 호주의 모든 지역에서 큰 화재가 발생했던 것도 애초부터 예상된 결과였다. 2020년 초까지 1,000만 헥타르가 넘는 면적이 화재 피해를 입었는데, 독일에서 가장 큰 연방주인 바이에른주와 세 번째로 큰 바덴뷔르템베르크주의 면적을 합친 정도로 정말 어마어마한 면적이었다.* 산불이 발생한 지역과는 거리가 있는 대도시인 시드니에서조차 도시 전체가 연기에 휩싸인 것처럼 보이는 등 산불의 여파를 느낄 수 있었다. 당시 시드니에서는 스카이라인이 거의 보이지 않을 정도로 하늘이 흐려졌으며, 대기질이 나빠져 사람들이 힘들어하고, 마스크를 끼는 사람도 많았다. 호흡기 질환으로 병원에 가는 사람도 셀 수 없이 많아져 의사들이 이를 공중보건의 비상사태라고 말하기도 했다. 호주 대도시에서 화재 연기로 이렇게 큰 피해를 입은 것은 이때가 처음이었다.

불길은 남쪽으로 계속 번져 나가 호주 최남단 빅토리아주까지 강타했다. 2019년에서 2020년으로 넘어가는 시기에 따뜻한 날씨를 찾아 여행을 온 많은 관광객들이 태평양 해변에서 그야말로 조난을 당했다. 당시 온 사방이 화염으로 뒤덮여 관광객들은 해변까지 밀려올 수밖에 없었는데, 다행히 호주 해군이 관광객들을 이 화염지옥에서 구해 주었다. 학자들의 추정에 따르면 2020년 2월 중순까지 이어진 호주 산불로 30명 이상의 인명 피해가 났고, 최소 5억 마리의 동물이 목숨을 잃었다

---

* 편집자주: 대한민국의 국토 면적은 1,003만 헥타르이다.

고 한다. 호주 산불 당시 멸종위기 동물인 코알라가 산불로 다친 모습을 찍은 사진은 지금도 많은 사람들이 기억하고 있을 것이다. 그해 산불로 인한 경제적 피해는 심지어 추정조차 하기 어려울 정도로 심각했다. 이런 호주의 사례는 지구온난화가 계속된다면 지구상에 더 많은 재난이 닥쳐올 것임을 경고하고 있으며, 호주도 이 경험에서 교훈을 얻을 필요가 있다.

왜냐하면 호주 정부의 고집불통식 대처 방법 때문이다. 마이클 매코맥Michael McCormack 호주 부총리는 호주 전체가 산불로 혼란스러운 동안에 산불은 매년 일어나는 일이니, 기후변화 때문에 산불이 일어났다는 것은 좌파들의 정신 나간 생각일 뿐이라는 말을 계속 되풀이했다.[29] 산불이 걷잡을 수 없이 퍼져나가던 때 휴가 중이던 스콧 모리슨Scott Morrison 총리도 처음에는 호주로 돌아갈 필요가 없다고 판단해 휴가를 계속 즐기다가 대중의 뭇매를 맞고 나서야 뒤늦게 호주로 돌아왔다. 나중에 모리슨 총리는 국가 전체가 화재 진압으로 분주한 동안 총리인 자신이 휴가 중이었다는 데 대해 잘못을 시인했다. 그 외에도 모리슨 총리는 매코맥 부총리와 달리 산불 악화와 기후변화 사이의 연관성을 인정했다. 그렇다고 해서 호주가 석탄 친화적 정책을 포기하지는 않을 것이다. 호주는 세계 최대 석탄 수출국이기 때문이다. 호주에서는 전력의 약 60퍼센트가 석탄으로 생산된다. 그러나 호주가 지형상 태양열이나 풍력 발전을 하기에 축복받은 조건을 갖추고 있다는 점을 고려하면 이렇게 석탄을 고집하는 것은 이해할 수 없는 일이다. 이런 호주는 2019년 마드리드에서 개최된 세계기후회의에서 미국, 사우디아라비아, 브라질과 함께 온 힘을 다해 기후보호조치를 막고 회의를 사실상 무산시킨 방해국 중 하나였다.

오세아니아 지역에는 안 좋은 소식이 하나 더 있다. 지난 수십 년간 해양온난화가 진행되면서 1981년 세계자연유산으로 지정되기도 했던 산호초 지대 그레이트 배리어 리프의 산호가 무섭게 죽어 나가고 있다는 것이다. 다른 열대 해양지역과 마찬가지로 오세아니아 해양에서 발생한 산호의 떼죽음은 산호 백화현상[30] 때문이다. 산호의 서식 조건은 바닷물의 온도가 따뜻하고 일정해야 하는데 이처럼 해수 온도가 장기적으로 너무 높아지면 살아남을 수 없다. 산호의 체내에는 주산셀러Zooxanthellae라는 조류가 있는데, 이 조류 덕분에 산호는 화려한 색을 띠며, 광합성을 해 에너지를 얻는다. 그런데 해수 온도가 30도를 넘게 되면 이 조류가 독소를 만들어 내고, 그러면 산호는 조류를 몸 안에서 내보내 결국 회백색으로 변해 버린다. 어떤 경우에는 한 암초에 서식하는 산호가 절반이 넘게 백화현상으로 죽어버린 적도 있었다. 문제는 백화현상이 점점 악화되고 있다는 것이다. 2020년에는 오세아니아 바다에서 처음으로 대규모 백화현상이 관찰되기도 했다. 만약 해수 온도가 일시적으로 올라가더라도 금방 다시 원래대로 돌아온다면 산호가 조류를 다시 몸 안으로 들여올 수 있지만, 산호의 재생능력은 회복되지 않는다.

이렇듯 산호처럼 독특한 생활양식을 가진 다양한 생물들이 죽어 나가면서 생태계는 이제 붕괴하기 직전에 이르렀다. 게다가 기후변화 말고도 인간 때문에 발생한 다른 스트레스 요인이 있다는 점까지 고려하면, 앞으로 몇십 년 안에 바다를 아름답게 수놓던 열대 산호가 대부분 사라져 버릴 수도 있다. 인간은 이렇듯 육지와 해양 생태계를 정말 다양한 방식으로 파괴하고 있으니, 지구온난화는 인간으로 인한 여러 환경 파괴 요인 중 '단 하나'일 뿐이라는 사실을 잊어서는 안 된다. 산호는 지구온난화뿐만 아니라 인간의 어업활동, 해양오염, 해양자원 탐사와 개발로 피해를 받고 있으며, 바다가 이산화탄소를 흡수해 산성화되는 것도 산호가 살아가기 어렵게 만드는 이유 중 하나다.

지난 몇 년간 호주의 극단적 기상현상이나 바다에서 벌어지는 일들을 살펴보면, 호주와 오세아니아 대륙은 앞으로 기후변화의 '후쿠시마'가 될 수도 있다. 즉 이대로 손 놓고 있다가는 지구상 최초로 사람이 살 수 없는 대륙이 되고, 바다도 아름다움을 잃고 쓰레기장이 될 위험이 있다는 말이다.

2부

기후변화의 원인

이산화탄소

이제 지구온난화는 도대체 왜 발생하는 것인지를 알아보자. 가장 큰 원인은 이산화탄소CO_2인데, 이산화탄소는 소위 말하는 '온실가스'이자 지구온난화의 주범이다. 1957년, 미국 지구화학자 로저 르벨Roger Revelle과 스위스 지구화학자 한스 쥐스Hans Suess는 인간이 지금처럼 온실가스를 엄청나게 많이 배출한다면 앞으로 대기 중 이산화탄소 함량이 급격하게 증가할 것이며, 이는 지구를 상대로 과학실험을 하는 거나 마찬가지라고 주장했다.[1] 당시 이 말은 과학계에 상당한 논란을 불러일으켰는데, 그때는 과학자들조차도 화석연료를 태워 대기 중으로 이산화탄소를 방출하는 것을 그리 대수롭지 않게 생각했던 것이다. 당시 학계에서는 이산화탄소 배출이 증가해도 기후변화로는 이어지지 않는다는 의견이 거의 정론이었다.

과학자들조차도 그렇게 생각했던 이유는 무엇일까? 아주 단순하면서도 매우 강력한 주장이 있었는데, 바로 이산화탄소를 배출해도 대기 중에 남지 않고 사라진다는 것이었다. 이 논리에 따르면 이산화탄소가 대기 중에 방출되면 대부분 얇은 대기층이 아닌 드넓은 바닷물 속에 녹아들게 되니, 인류가 이산화탄소를 얼마나 배출하든 결국에는 바다 깊은 곳에 흡수되어 오랫동안 안전하게 묻혀 있게 된다는 말이다. 그러나 르벨이 1958년 하와이의 마우나로아 화산에서 이산화탄소 농도를 측정하기 시작하면서 대기 중의 이산화탄소가 늘어나는 것이 인류를 위협한다는 이들의 주장이 사실로 드러났다.

오늘날에도 하와이 마우나로아 화산에서는 르벨이 시작했던 이산화탄소 농도 측정이 계속 이어지고 있는데[2], 물론 그 결과가 딱히 좋은 전망을 보여주지는 못한다. 대기 중 이산화탄소 양은 계속해서 증가하고 있으며, 2020년 5월에는 며칠간 대기 중 이산화탄소 농도가 418ppm로 나타나기도 했다.* 이는 초기 측정값보다 이미 100ppm 이상 높은 수치였다. 마우나로아 화산에서 이산화탄소 농도를 측정한 값을 보면, 20세기 중반 이후 대기 중의 이산화탄소 농도는 계속 증가했을 뿐만 아니라 증가하는 속도도 빨라졌다. 1970년대에 이산화탄소 농도가 매년 약 0.7ppm 증가했던 것에 비해, 1980년에는 연간 1.6ppm으로 그 속도가 빨라졌고, 최근 10년 동안에는 연평균 2.2ppm이 증가했다.

기후변화 회의론자들은 인간이 대기 중에 방출하는 이산화탄소 양보다 해양과 토양에서 자연스럽게 나오는 양이 훨씬

---

* 이산화탄소 측정값은 보통 5월에 가장 높게 나타난다. 다만 연간 측정값의 차이는 10ppm(백만분의 일, parts per million) 미만으로 매우 작다.

많기 때문에 기후변화는 인간의 이산화탄소 배출 때문이 아니라고 주장한다. 그러나 기후변화 회의론자들이 일부러 감추는 것이 있다. 해양과 토양은 이산화탄소를 방출한 만큼 대기 중에서 다시 흡수한다는 것이다. 대기 중 이산화탄소는 자연스럽게 오랫동안 균형을 유지해 왔고, 지난 수천 년간 대기 중 이산화탄소 농도에도 거의 변함이 없었다. 그런데 인류가 이산화탄소를 방출하기 시작하자마자 안정적이었던 균형에 혼란이 생기고 질량보존의 물리법칙이 흔들리기 시작한 것이다. 다른 기체와 달리 이산화탄소는 화학적 합성이 이루어지지 않기 때문에 대기 중에서 저절로 사라질 수가 없으므로 이산화탄소를 제거하기 위한 별도의 조치가 필요하다. 해양과 토양은 대기 중 이산화탄소를 자연적으로 제거해 농도를 자연적으로 낮출 수 있는 유일한 방안이다. 하지만 이런 자연적 방식으로 대기를 정화하는 것은 매우 오래 걸린다는 것이 문제다. 지금까지 인류가 배출한 이산화탄소의 양을 고려하면, 현재 대기 중 이산화탄소 농도가 크게 줄어들 때까지는 천 년도 훨씬 넘게 걸린다.

그러면 컴퓨터 모델로 이산화탄소 순환이 어떻게 이루어지는지를 시뮬레이션해, 이산화탄소가 대기 중에 대량 배출되는 경우 어떻게 되는지 알아보자.[3] 우선 해양과 토양이 이산화탄소를 '빠르게' 흡수하기 때문에 배출된 이산화탄소의 절반 정도가 '고작' 50년 안에 사라진다. 문제는 남은 이산화탄소의 절반이 대기 중에 흡수되어 자연적으로 사라질 때까지는 약 천 년이 걸려, 결국 천 년이 지난 후에도 사라지는 이산화탄소의 양은 75퍼센트뿐이라는 것이다. 그중 60퍼센트를 해양이 흡수하고, 토양은 15퍼센트만을 흡수하니, 인간이 배출한 이산화탄소를 흡수하는 데 해양은 정말 엄청나게 중요한 역할을 한다. 그런데 대기와 직접 접촉하는 바다 맨 위쪽에서부터 이산화탄소가 장기적으로 저장되는 심해까지 도달하는 과정이 매우 느리기 때문에 우리가 배출한 이산화탄소의 25퍼센트 정도는 결국 천 년이 지나도 여전히 대기 중에 남아 '영원히' 사라지지 않는다. 그러니 인류가 이산화탄소를 엄청나게 배출해 발생한 기후 문제는 정말 장기적인 문제다. 한편 2019년 전 세계가 배출한 이산화탄소 양은 약 420톤으로 역대 최고치를 기록했으니, 이 이산화탄소가 다 사라지기까지는 상상도 할 수 없을 만큼 오랜 시간이 걸릴 것이다.

이산화탄소는 대기 중에 굉장히 오래 머물기 때문에 전 세계로 퍼져나가기도 한다. 남극처럼 인간에 의한 이산화탄소 배출이 적은 지역을 포함해 전 세계 모든 지역에서 대기 중 이산화탄소 농도가 비슷하게 증가하고 있는 이유이기도 하다. 이처럼 대기 중 이산화탄소 농도가 증가하는 것은 지구에 매우 넓은 범위로 영향을 미칠 뿐 아니라, 엄청나게 빠르게 이루어지

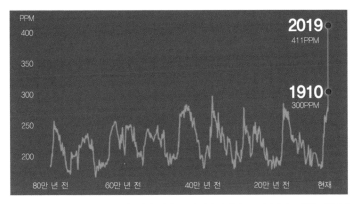

그림 3. 남극 얼음을 채취하여 재구성한 지난 80만 년간의 대기 중 이산화탄소 함량 변화.[4, 5] 2019년 측정값은 411ppm이었다.

출처: Climate Central

고 있기도 하다. 산업화 이전에는 연평균 이산화탄소 농도가 280ppm이었던 반면 2019년에는 411ppm으로 거의 50퍼센트나 높아졌다. 산업화 이전에는 1만 년 동안 대기 중 이산화탄소 농도에 거의 변함이 없었으며, 증가한다 해도 그 속도가 엄청나게 느렸다는 점을 고려하면 지금 상황이 얼마나 심각한 것인지 더 분명해진다.

아주 먼 옛날 자연적인 기후변화가 일어났을 때와 비교해도 마찬가지다. 산업화 이전과 비교해 기온이 2~3도 더 높았고 해수면도 15~25미터 높았던 300만 년 전 신생대 이후 지금처럼 대기 중 이산화탄소 농도가 높아진 것은 처음이며, 지난 60년간 대기 중 이산화탄소 농도가 증가하는 속도는 1만 7,000년 전에서 1만 1,000년 사이 마지막 빙하기가 끝나던 시기에 자연스럽게 기온이 높아지던 속도보다 약 100배는 더 빠르다. 1958년부터 대기 중 이산화탄소 농도를 직접 측정하기 전까지는 남극의 얼음층에 들어있는 공기를 분석해 과거의 이산화탄소 농도가 어느 정도였는지를 추정했는데, 이런 식으로 지난 80만 년간의 이산화탄소 농도를 추정해 보면 분명히 산업화가 시작되고 나서 그 수치가 엄청나게 증가했다는 결과가 나온다. 물론 대기 중 이산화탄소 농도는 자연적으로도 항상 변화해 왔지만, 그 범위는 180ppm에서 300ppm 사이로 항상 일정했다.

반면 오늘날 대기 중 이산화탄소 농도는 이 변동 범위를 훨씬 뛰어넘는다. 기후변화 회의론자들은 산업화 이후 대기 중 이산화탄소 농도가 급격하게 증가하는 것은 지극히 정상적인 일이며, 지구 전체 역사를 봐도 이런 적이 이미 여러 번 있었다고 주장하지만, 실제 측정 결과를 보면 전혀 그렇지 않다. 이런저런 말 대신, 대기 중 이산화탄소가 정말 유례없는 속도로 빠르게 증가하고 있으며, 이런 추세가 지난 수천 년간의 자연적 변화와는 크게 다르다는 사실만 봐도 지금 상황은 분명하다.

기후변화 회의론자들의 주장처럼 대기 중 이산화탄소가 급격하게 증가하는 것이 단순히 자연의 변덕일 가능성은 얼마나 될까? 이럴 가능성은 제로에 가까운데, 생각해 보면 당연한 일이다. 이산화탄소 외에도 대기 중에 있는 산소와 같은 다른 원소를 측정해 봐도, 화석연료의 사용으로 대기 중 이산화탄소가 증가했다는 결론이 나온다. 모든 화석연료에는 탄소(C)가 들어 있기 때문에, 화석연료를 태우면 이 탄소가 대기 중의 산소(O_2)와 결합해 이산화탄소(CO_2)가 된다. 인류가 화석연료를 태우기 시작한 이후 이 과정을 거치면서 대기 중의 산소가 크게 줄어들었는데, 정말 다행히도 딱 생명이 죽지 않을 정도까지만 줄어들었다. 만일 인류가 지구상에 남아있는 화석연료를 모두 태운다고 해도, 대기 중의 산소는 다행히 우리의 생존 자체를 위협할 정도까지는 내려가지 않을 것이다.

학계에서는 산업화에 따라 대기 중 이산화탄소 농도가 높아진 것이 인간 때문이라는 점에 대해서는 이견이 없다. 그러나 기후변화를 부정하는 회의론자들은 태양이 더 밝게 빛나게 되면서 지구상에 도달하는 태양 복사에너지도 증가해 지구온난화로 이어졌고, 그 결과 바다에서 이산화탄소가 방출되는 것이라고 주장한다. 하지만 실제로는 오히려 그 반대다. 지난 수십 년간 지구에 내리쬐는 태양 복사에너지가 대체적으로 약해졌으니 이들의 주장은 모순이다. 또한 전 세계 대기와 해양, 토양 사이에서 이산화탄소 교환이 어떻게 이루어지는지를 확인해 봐도 해양과 토양은 이산화탄소를 흡수하기만 할 뿐 방출하지는 않았다.

해양 산성화도 이산화탄소로 인한 문제 중 하나로 언급되는데, 해양이 이산화탄소를 흡수하면 바닷속에서 이산화탄소가 탄산으로 용해되어 바다가 산성화되고, 생물이 살아가기가 어려워지기 때문이다. 바다의 산성화는 주로 게, 홍합, 산호처럼 껍데기와 골격이 석회질로 이루어진 바다 생물에게 특히 심각한 피해를 주지만 다른 생물에게도 물론 좋지 않다. 그러니 설령 대기 중 이산화탄소가 높아지는 것이 당장 기후변화로 이어지지 않는다 치더라도 해양 산성화를 막기 위해서는 이산화탄소 배출을 크게 줄여야 하는 것이다. 그렇지만 현실은 정반대로 오히려 이산화탄소 배출이 늘어나고 있는데, 현재 이산화탄소 배출량은 1990년 대비 약 60퍼센트 증가했고, 파리 기후협정이 체결된 2015년과 비교해 봐도 벌써 4퍼센트나 증가했다.

2001년에 만들어진 국제과학연구 프로그램 '글로벌 카본 프로젝트Global Carbon Project, GCP'[6]는 생물물리학적으로 본 자연과 인간 사이의 상호작용을 포함해 지구 전체적으로 탄소가 어떻게 순환되는지를 알아보기 위해 지난 10년간 전 세계에서 탄소가 유입되고 유출된 양을 '탄소 장부'로 작성해 매년 발표한다. 2009년에서 2018년까지의 탄소 장부를 보면 인류는 이 기간에 이산화탄소를 매년 약 400억 톤 방출했다. 그중 86퍼센트는 화석연료의 연소로 발생한 것이고, 나머지 14퍼센트는 토지 용도 변경을 위한 삼림 벌채 등으로 발생한 것인데, 토지 용도 변경 중에서도 열대 우림 파괴가 이산화탄소 배출에 가장 큰 영향을 미쳤다. 한편, 지난 수십 년간 에너지를 만드는 과정에서 발생한 이산화탄소 배출량은 크게 증가했지만 토지 용도 변경으로 인한 배출량은 상대적으로 일정하게 나타났다.

2009년에서 2018년 사이 인류가 배출한 이산화탄소 중 사라지지 않고 대기 중에 남아있는 양은 전체 배출량 중 약 절반 정도에 '불과한' 44퍼센트다. 흡수된 이산화탄소 중에서는 29퍼센트가 토양에, 23퍼센트가 해양에 자연적으로 흡수되었고, 나머지 4퍼센트는 어디로 갔는지 정확히 파악하기 어렵다. 그런데 기후가 변화하면서 자연의 이산화탄소 흡수 효율이 떨어질 수 있다. 그렇기 때문에 결국 흡수되지 않고 대기 중에 남는 이산화탄소의 양이 더 많아지고, 그러면 기후 목표를 달성하기 위해 우리는 이산화탄소 배출량을 훨씬 더 많이 줄여야 한다.

결국 결론은 하나다. 산업화 이후 대기 중 이산화탄소 농도가 올라간 것은 결코 자연적인 현상이 아니라 인간 때문이며, 이는 기후변화 회의론자들도 절대 반박할 수 없는 명백한 사실이다. 그러니 대기 중 이산화탄소가 계속 증가하는 것을 막거나 적어도 그 속도만이라도 늦추려면 전 세계가 함께 이산화탄소 배출을 계속 줄여 나가야 한다. 이산화탄소 배출을 지금 수준으로 유지하는 것만으로는 대기 중 이산화탄소 비중이 높아지는 것을 멈출 수 없다.

한편 기술적인 조치로 이산화탄소를 줄여 보자는 제안도 있다. 우선 '이산화탄소 포집 저장Carbon Capture and Storage, CCS'기술을 사용해 이산화탄소 배출을 줄이자는 제안이 자주 제기된다. 이는 이산화탄소가 대기 중으로 흘러들어 가기 전에 붙잡아 땅속이나 바닷속에 '안전하게' 저장한다는 방식으로, 이 기술을 활용하면 이산화탄소를 훨씬 적게 배출하면서 기존의 석탄 화력발전소를 그대로 운영할 수 있다고 한다. 하지만 이 제안은 화석연료를 계속 쓰겠다고 새로운 시설을 지어 결국 그 과정에서 더 많은 이산화탄소가 배출되기 때문에 말이 안 된다. 또 이런 인프라를 구축하는 비용도 엄청나고, 여기에만 집중하게 되면 혁신이 느려지고, 청정기술 개발에 대한 투자도 소홀해지며, 이 기술을 활용해 이산화탄소를 저장하는 것이 환경에 어떤 위험을 미치는지 제대로 평가할 수도 없어진다. 게다가 발전소 효율이 상당히 떨어지게 된다는 문제도 있다.

산업 공정에서 대기 중의 이산화탄소를 동력으로 활용하자는 아이디어도 있다. 앞으로 전기가 주요 동력원이 되면, 대기 중의 이산화탄소로 합성연료를 생산해 항공 등 교통에 사용하자는 것이다. 즉 공기나 물, 신재생에너지에서 이산화탄소를 추출해 사용하는 것으로, 합성연료를 생산하고 사용하는 전체 과정에서 이산화탄소가 거의 발생하지 않는다. 앞서 말한 CCS

기술보다는 이런 방식이 화석연료에서 신재생에너지로 넘어가는 에너지 전환에도 완벽하게 부합하기 때문에 확실히 선호도가 높을 것이다.

결국 인류가 이산화탄소 배출량을 줄이기 어렵다면 이산화탄소 흡수를 늘려야 하는데, 사실 배출량을 줄이는 것보다 이런 것이 더 어렵다. 예를 들어 나무를 심는다고 해도 활용할 수 있는 땅의 면적에 한계가 있으니 이산화탄소 배출량을 전부 상쇄하기에는 충분하지 않다. 펌프를 통해 심해에서 영양이 풍부한 바닷물을 해수면 근처로 끌어올려 해조류의 성장을 돕는 등 기술적인 조치도 하나의 방법인데, 해조류가 많아지면 그만큼 대기 중 이산화탄소 흡수량도 늘어난다는 것이다. 하지만 그 효과에 대해서는 학계에서도 의견이 갈리며, 아직 연구도 다 끝나지 않았다.[7] 결국 어떤 기술이든 대기 중 이산화탄소를 제거하는 기술은 반드시 지속 가능해야 하고, 새로운 환경 문제를 유발하지 않으면서 미래 세대에게 너무 큰 경제적 부담이 되어서도 안 된다는 점을 고려해야 한다.

이 장을 마치며 한 가지 질문에 답을 하려고 한다. 내가 지금까지 여러 번 받았던 질문이고, 아마 이 책을 읽는 독자 여러분도 이해가 안 된다고 생각했을 수도 있는 부분인데, 이산화탄소에 비해 메탄이 유발하는 온실효과가 분자당 20배는 더 높은데도 왜 과학계가 메탄에 대해서는 딱히 우려하지 않는지에 대한 질문이다. 도대체 그 이유가 무엇일까? 우선 대기 중 메탄 함량이 이산화탄소보다 200배 이상 적기도 하지만, 진짜 중요한 것은 메탄은 대기 중의 화학반응으로 약 10년 안에 분해되어 사라진다는 것이다. 즉 인류가 메탄 방출을 멈추는 즉시 자연이 빠르게 메탄을 해결할 것이기 때문에 이산화탄소에 비해 심각하지 않은 것이다.

기후 보호를 추진하는 과정에서는 당연히 이산화탄소뿐만 아니라 모든 온실가스 요인을 줄여야 한다. 심지어 이산화탄소 배출을 줄이는 것보다 다른 요인을 줄이는 것이 더 쉬운 경우도 있는데, 가령 화석연료를 채굴하고 유통하는 과정에서 메탄가스의 누출이 줄어들게 잘 관리하고, 산업 폐기물을 줄이면서 더 경제적으로 관리하는 것이다. 농업에서도 비료 사용법을 개선해 아산화질소 배출을 줄이고, 축산업에서도 가축의 사료를 바꿔 메탄가스 발생을 줄이거나 비료를 더 잘 관리하는 등의 방법으로 다른 온실가스를 줄일 수 있다. 지구온난화의 최대 요인은 이산화탄소이지만, 다른 온실가스 배출을 줄이는 것을 통해서도 어느 정도 시간을 벌 수 있다.

자연적 온실효과

온실효과가 급속히 진행되는 원인에 대해 뜨거운 논쟁이 이어지고 있는데, 과학적으로 보면 그 이유는 분명하다. 인류가 온실가스, 그중에서도 특히 이산화탄소를 배출하기 때문이다. 누구나 아는 사실이지만 요즘에는 기후 문제에 관한 잘못된 정보가 너무 많다 보니 '아는 것이 힘이다'라는 말이 지금처럼 크게 와닿는 때가 없다. 우리는 지금 출처가 불분명한 정보가 넘쳐나는 시대에 살고 있으니, 기후 문제에 대한 '팩트'를 정확히 아는 것이 더더욱 중요하다는 말이다. 그래야만 기후변화가 정확히 무엇이며, 왜 일어나고, 우리의 미래에 어떤 영향을 미칠 수 있는지에 대해 사실을 바탕으로 자기 의견을 형성할 수 있다.

이런 과학적 사실을 알아보고 자기 의견을 만든다는 것이 물론 쉽지는 않지만, 어쨌든 우리가 기후변화에 대한 논의를 하려면 꼭 필요한 부분이다. 기후변화 회의론자들의 말도 안 되는 이야기에 사람들이 넘어가는 이유도 지구의 체계와 대기의 복사 과정이 복잡해서 기후변화를 이해하기가 어렵기 때문이다. 복잡한 문제는 그 전체를 자연스럽게 이해하기가 힘들어, 잘못된 정보가 퍼지기가 유독 쉽다.

지구온난화를 이해하려면 우선 과거에도 지구 온도가 크게 변했던 적이 있었지만 기후는 크게 변하지 않았던 이유에 대해 먼저 알아야 한다. 우선 태양계의 다른 행성들과 비교해 보면 지구의 기후 조건이 다른 행성과는 확연히 다르다는 것을 알 수 있다. 지구는 행성 중 유일하게 표면 온도가 극단적이지 않은 행성으로, 그렇기 때문에 유일하게 지구에만 생명이 살 수 있는 것이다. 지구의 양옆에 위치한 금성이나 화성과 비교해 보면 확실히 이해하기 쉽다. 금성은 표면 온도가 평균 400도를 훨씬 웃도는 매우 뜨거운 행성인 반면 화성은 표면이 얼음으로 덮여 있고 기온은 영하보다도 훨씬 더 낮은데, 평균 온도가 −60도 정도지만 낮과 밤, 적도와 극지방의 기온차가 매우 크다. 금성과 화성의 온도가 이처럼 다른 이유는 두 행성에서 나타나는 온실효과의 강도가 다르기 때문이다. 그러니 우선 온실효과에 대해 먼저 알아볼 필요가 있다.

지구의 온실효과에 대해 알아보자. 프랑스의 위대한 수학자이자 물리학자인 장 밥티스트 조제프 푸리에Jean Baptiste Joseph Fourier는 지금으로부터 이미 200년도 더 전에 온실효과의 개념을 거의 파악했다.[8] 푸리에는 지구의 크기나 태양과의 거리를 고려했을 때 지구 온도가 이렇게 높을 수는 없다는 결론을 내리고, 태양열 외에도 지구의 온도를 더 따뜻하게 해주는 요인이 있어야 한다고 생각했다. 푸리에는 가시광선과 자외선을 통해 태양에너지가 지구까지 쉽게 전달되어 지구의 온도를 높이는 반면, 지표면에서 방출되는 적외선 에너지는 쉽게 빠져나가지 않는다는 것을 깨달았다. 이 이론에 따르면 대기에는 가시광선과 자외선 등 따뜻한 에너지는 들어오고, 반대로 적외선은 빠져나가지 않아 담요를 덮은 듯한 단열 효과를 낸다. 이는 온실효과의 핵심을 짚은 것이지만, 대기가 지구 온도를 어떻게 높이는지는 설명하지 못했기 때문에 아직 완전하다고 볼 수는 없었다.

이제 대기의 기본적인 작용에 대해서는 충분히 설명이 되었을 것이다. 온도가 약 6,000도인 태양에서 지구에 도달하는 광선은 주로 청색에서 녹색 사이이며 파장이 0.5마이크로미터 정도인 가시광선이나 자외선 등의 단파복사다.* 반면 태양과 비교하면 상대적으로 차가운 지구는 적외선 장파복사를 방출하는데, 이는 파장이 3~50마이크로미터 정도이며 비가시광선이다.** 만약 지구에 대기가 없더라면 지표면 온도를 결정하는 것은 지구에 도달하는 태양 복사에너지에서 우주로 다시 복사되는 부분을 뺀 것과 지구가 방출하는 적외선 복사에너지뿐

* 파란색은 녹색보다 공기 분자에 의한 산란 감도가 높기 때문에 하늘이 파란색으로 보이는 것이다.
** 모든 물체는 복사선을 방출한다. 방출되는 복사선의 파장은 플랑크의 복사법칙에 의해 그 물체의 온도에 따라서 결정된다. 뜨거운 태양의 복사선은 가시범위에 속하고, 상대적으로 차가운 지구는 눈에 보이지 않는 적외선 범위의 복사선을 방출한다. 지구의 복사선은 열복사 또는 지구복사라고도 한다.

인데, 그랬다면 지구 온도는 푸리에가 생각했던 것처럼 -18도* 정도로 몹시 추웠을 것이다.

하지만 실제로는 대기가 지구를 감싸는 '담요' 역할을 한다. 대기를 구성하는 공기 분자는 지구에 도달하는 태양 광선을 일부만 흡수하지만, 지구에서 방출되는 적외선 복사에너지는 거의 전부 흡수한다. 그런데 대기의 분자는 적외선을 흡수하기만 하는 것이 아니라 방출하기도 하는데, 이 경우 방출은 모든 방향으로 이루어진다. 이렇게 대기가 흡수한 에너지를 다시 지구로 방출하는 과정에서 지표면이 추가로 에너지를 얻는데, 이를 '대기의 역방사(逆放射)'라고 한다. 태양에서 도달하는 에너지에 추가로 에너지가 더 방출됨으로써 당연히 지표면의 온도도 올라가는 현상이 바로 온실효과다. 즉 온실효과란 대기가 담요처럼 지구 표면을 감싸 지구를 따뜻하게 유지해 주는 것을 말한다. 물론 이건 최대한 간단하게 설명한 것이고, 실제 온실효과는 매우 복잡해서 양자 물리학 이론 없이는 제대로 설명할 수가 없다. 어쨌든 온실효과는 대기에서 나타나는 자연적인 속성이며, 푸리에의 이론대로 실제 지구에 도달하는 태양에너지의 양에 비해 지구 온도를 따뜻하고 안정적으로 유지해준다. 온실효과가 지구 온도를 안정적으로 유지해 주는 역할도

---

* 책에서 언급되는 절대온도는 오차범위가 최소 0.5도인 매우 대략적인 추정치임에 유의해야 한다.

한다는 점을 고려하면, 현재 평균 약 15도 정도인 지구 온도는 인류가 산업화 이후 온실가스를 대량으로 배출하기 시작하면서 이미 1도 조금 넘게 상승했다는 것은 결코 자연적인 현상이 아니라는 점을 보여준다.

온실효과의 강도는 대기 구성 성분에 따라 달라진다. 수증기를 포함하지 않은 건조한 공기는 질소N 78퍼센트와 산소O_2 21퍼센트로 구성되어 있고, 비활성 기체인 아르곤AR이 약 0.9퍼센트가량이며, 그 외 나머지 소량의 기체를 통칭하여 미량 기체라고 한다. 수증기H_2O*를 포함한 공기를 말하는 습한 공기의 구성비는 주변 공기의 온도에 따라 달라지며, 시점과 장소에 따라서도 대기 성분의 구성 비율에 약 0~4퍼센트 정도 차이가 있다. 춥고 건조한 북극 지역에서는 구성비의 차이가 1퍼센트보다 훨씬 낮을 수도 있는 반면, 따뜻하고 습한 열대 지역에서는 약 4퍼센트까지 커질 수 있다. 그런데 대기의 주요 구성 성분인 질소와 산소가 기후에 미치는 영향은 매우 미미하기 때문에, 만일 지구가 이 두 가지 성분으로만 이루어져 있었다면 지구는 추운 행성이었을 것이다. 온실효과를 발생시키고 기후에 큰 영향을 미치는 것은 수증기나 이산화탄소 등으로 구성

---

* 물(H_2O)이 기체 형태가 된 것을 수증기라 한다. 수증기는 증발을 통해 대기로 유입된 후 구름이 되고, 이후 응결되어 강수가 된다. 바다는 육지에 비해 단위면적당 두 배의 물이 증발되며, 지구에서 증발되는 물 대부분은 바닷물이다.

된 일부 미량 기체로, 온실가스란 바로 이것이다.

대기의 자연적 온실효과로 인해 지구 온도는 지구에 대기가 없을 때보다 30도 이상 높다. 자연적 온실효과에서 가장 중요한 역할을 하는 것은 대기의 60퍼센트 이상을 차지하는 수증기이고, 그다음으로 중요한 것이 대기의 약 20퍼센트를 구성하는 이산화탄소다. 그 외 다른 온실가스로는 지상 오존, 아산화질소, 메탄 등이 있는데, 그 비율이 높지 않음에도 자연적으로 온실효과를 일으켜 지구에 생기를 불어넣는 성분이다. 온실가스는 온실의 유리와 매우 비슷한 역할을 하는데, 대기 중 온실가스와 온실의 유리 모두 기본적으로 태양 복사에너지를 투과시키지만, 지표면에서 방출되는 적외선은 완전히 투과시키지 않는다. 물론 기후변화 회의론자들이 말하듯, 지구가 실제로 유리 지붕에 덮여 있는 건 아니다. 그러니 지구상에서 일어나는 온실효과를 더욱 정확하게 이해하려면 단순히 온실의 구조만 생각할 것이 아니라, 온실효과가 어떻게 이루어지는지 그 물리적 원리도 알아봐야 한다. 그래야 우리도 물리학에 대해 쥐뿔도 모르면서 거짓 주장을 펼쳐대는 기후변화 회의론자들에게 반박할 수 있을 테니 말이다.

온실효과를 물리적으로 이해하려면 우선 태양복사와 지상파 적외선의 차이를 먼저 알아야 한다. 먼저 태양복사는 지구 온도를 어느 정도 높여주는 역할을 한다. 그러고 나면 지표면에서 적외선 형태로 발생하는 열기가 우주로 곧바로 빠져나가지 않도록 수증기나 이산화탄소와 같은 온실가스가 보호해 주는 역할을 하는데, 이는 온실가스가 적외선을 대부분 흡수해 보존하기 때문이다. 적외선이 온실가스의 방해 없이 지표면에서 우주로 빠져나가는 것은 대기에 의한 흡수가 이루어지지 않는 파장대를 의미하는 '대기창* 영역'에서가 유일한데, 특히 파장의 범위가 8~13마이크로미터 정도로 큰 대기창이 중요한 역할을 한다.

한편, 온실가스는 온도[9]에 따라 적외선을 방출하기도 하는데, 이때 방출은 한 방향이 아닌 모든 방향으로 이루어진다. 앞서 언급했던 것처럼 대기가 지표면 방향으로 적외선을 방출하는 것을 역방사라고 하며, 이를 통해 지표면 온도는 더욱 따뜻해진다. 가끔 온실효과와 관련해 일반교양 서적에서 역방사에 대해 지표면에서 방출된 적외선을 단순히 반사하거나 혹은 심지어 태양 복사에너지를 다시 반사하는 것이라고 잘못 설명하고 있는데, 사실은 온실가스를 포함한 대기가 적외선을 흡수하는 것이 아니라 역으로 방출한다는 의미에서 역방사란 단어를 쓰는 것이다. 결국 지표면 온도가 한없이 뜨거워지지 않고 적절한 균형을 유지하기 위해서는 지표면 온도가 상승한 후 적

---

* 대기창(건물의 반투명한 창문과 유사한 형태)은 지구에서 방출되는 복사에너지가 흡수되는 대신 우주로 직접 빠져나갈 수 있는 스펙트럼이다.

외선 복사에너지도 함께 늘어나야 한다.

다행히 대기 중에는 온실효과를 일으키는 성분이 매우 적기 때문에 지구의 온실효과는 상당히 안정적인 편이다. 이웃 행성과 비교해 보면, 금성의 대기 질량은 지구에 비해 약 90배 더 높고 대기의 95퍼센트 이상이 이산화탄소로 구성되어 있다. 이렇게 대기 중 이산화탄소 비율이 매우 높기 때문에 온실효과가 매우 강력하게 나타나는 일종의 '슈퍼 온실효과'가 발생해 금성의 온도는 400도를 훌쩍 뛰어넘는다. 화성은 금성과 마찬가지로 대기 구성 성분의 95퍼센트 이상이 이산화탄소이다. 그러나 대기 질량은 지구보다 훨씬 낮아 대기에 포함된 온실가스의 양이 사실상 미미해서 온실효과가 거의 일어나지 않기 때문에 화성이 서리 내리는 차가운 행성이 되는 것이다.

금성과 화성의 사례를 보면 대기 구성 성분이 매우 중요하다는 것을 알 수 있다. 대기 중 온실가스의 양이 얼마나 되는지에 따라 온실효과의 강도가 달라지고, 실제 행성의 온도 역시 달라지기 때문이다. 금성처럼 대기 중에 온실가스가 너무 많거나, 혹은 화성처럼 너무 적으면 생명이 살기 어렵다. 대기 중 온실가스의 양이 적절해 생명체가 살아가기 좋은 조건을 형성하는 '최적의' 온실효과를 일으키는 행성은 지구가 유일하다. 기후변화 회의론자들은 이 사실을 이용해 지구의 건조한 공기에서 이산화탄소를 비롯한 온실가스가 차지하는 비율이 0.0411퍼센트에 불과하기 때문에 이산화탄소가 지구 기후에 영향을 미치지 못한다고 주장하지만, 상대적인 구성 성분만 가지고 그 영향을 논한다는 것은 과학적으로 난센스이다. 우리가 매일 먹는 약에 포함된 유효 성분은 농도가 매우 낮지만 실제로 약을 먹었을 때는 충분히 효과를 보인다는 것만 봐도, 이런 주장이 말이 되지 않는다는 것을 쉽게 이해할 수 있다.

인위적 온실효과

기후 문제는 앞에서 말했던 자연적 온실효과가 아니라 인간이 일으킨 온실효과 때문에 발생하는 것이다. 인간이 원인이 되어 발생하는 인위적 온실효과는 무엇보다도 대기 중 이산화탄소 함량이 증가하기 때문에 발생한다. 인위적 온실효과를 일으키는 원인인 '잘 섞인' 혹은 '오래 유지되는' 온실가스*의 구성 성분은 약 3분의 2가량이 이산화탄소이고, 메탄이 17퍼센트, 염화불화탄소 11퍼센트, 아산화질소가 6퍼센트 순이다([그림 4]). 이처럼 이산화탄소는 지구온난화에 매우 큰 영향을 미치기 때문에, 이번 장에서는 이산화탄소를 중점적으로 다뤄 보겠다. 오해가 없도록 다시 한 번 말하지만, 자연적 온실가스의 주된 원인은 대기의 약 60퍼센트를 차지하는 수증기이며 이산화탄소의 비중은 25퍼센트에 불과하다는 점을 꼭 기억해야 한다. 이 사실을 알아야 하는 이유는, 기후변화 회의론자들이 이산화탄소가 기후변화에 미치는 영향을 줄여 말하려고 자연적

---

* 잘 혼합된 온실가스는 대기의 가장 낮은 층인 대류권에서 어느 정도 균일하게 분포하기 때문에 상당히 오래 머무른다. 잘 혼합된 온실가스 안에는 이산화탄소(CO_2) 외에도 메탄(CH_4), 아산화질소(N_2O), 염화불화탄소(CFC)가 들어 있다.

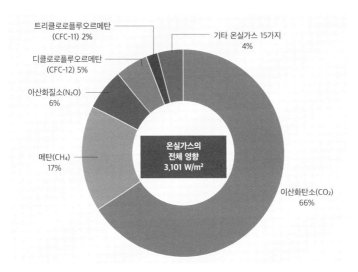

트리클로로플루오르메탄
(CFC-11) 2%

기타 온실가스 15가지
4%

디클로로플루오르메탄
(CFC-12) 5%

아산화질소(N₂O)
6%

메탄(CH₄)
17%

온실가스의
전체 영향
3,101 W/m²

이산화탄소(CO₂)
66%

그림 4. 혼합된 온실가스가 인위적 온실효과에 미치는 영향에 대한 비율(2018)

출처: 독일연방환경청, 미국해양대기청(NOAA)의 데이터 포함
NOAA 지구시스템연구소, NOAA 연간 온실가스 지수(AGGI),
2019년 봄 업데이트 http://www.esrl.noaa.gov/gmd/ccgg/aggi.html (2019년 7월 12일 조회)

온실효과와 인위적 온실효과를 일부러 혼동해서 말하는 경우
가 많기 때문이다.

생명체가 살기 좋도록 지구가 따뜻해지는 온실효과는 원래
축복받은 현상이다. 그런데 인류는 지금 이 '축복'이 너무 과해
오히려 저주가 되어버리는 과정을 경험하고 있다. 향후 수십
년간 이산화탄소를 비롯한 온실가스가 지금처럼 빠르게 증가
한다면, 인류는 이례적인 심각한 지구온난화를 경험할 것이라
는 사실만큼은 학계에서도 오랫동안 이견이 없었다.

한편 기후변화가 꼬리에 꼬리를 물고 연쇄적으로 심해질

수가 있는데, 물리학에서 '양성 피드백'이라고 하는 이런 현상이 기후에서도 나타나고 있다. 가령 대기 중 이산화탄소 함량이 높아져 지구의 기온이 상승하기 시작하면 대기 중의 수증기도 반드시 함께 늘어나는데, 이는 기온이 높아질수록 공기가 수증기를 더 많이 머금게 되기 때문이다. 그런데 이 수증기는 매우 강력한 온실가스로, 지구온난화에 미치는 영향이 이산화탄소의 2배나 된다.* 수증기가 지구온난화를 강화한다는 것은 이미 1990년에 IPCC 1차 보고서에서도 언급한 사실이다. 그리고 기온이 상승하면서 지표면의 얼음과 눈이 녹아 사라지는 것도 지구온난화를 더 강화한다. 얼음과 눈이 녹으면서 지표면이 반사하는 태양 복사에너지가 줄어들기 때문에 이 에너지가 대기 중에 흡수되면서 지구온난화가 더 빨라지는 것이다. 따라서 이산화탄소가 기후에 어떤 영향을 미치는지 완전히 파악하려면 단순히 이산화탄소뿐만 아니라 인간이 배출하는 다른 온실가스가 어떻게 작용하는지도 모두 고려해야 한다.

이쯤에서 대기 중 이산화탄소가 증가하는 것이 기후에 영향을 미친다는 사실 자체를 의심하는 기후변화 회의론자들의 주장을 한 번 짚고 넘어가자. 이들은 이산화탄소가 증가하는 것이 지표면 온도에 영향을 미친다는 물리적인 증거가 거의

---

* 반대로, 수증기는 빙하기 등 지구의 냉각기에는 냉각현상을 강화하기도 한다.

혹은 전혀 없다고 주장한다. 그리고 이런 논리를 뒷받침한다면서 말도 안 되는 두 가지 근거를 댄다. 참으로 안타까운 일이지만, 기후변화 회의론자들의 논리에 맞지 않는 주장을 반박하기 위해 우리는 온실효과를 물리적으로 이해하고, 그 바탕이 되는 대기의 복사 과정을 자세히 알아야 한다.

우선 기후변화 회의론자들이 내세우는 첫 번째 근거를 살펴보자. 이들은 수많은 과학자들이 오랫동안 입증해온 자연적 온실효과에 이의를 제기하는 것을 좋아한다.[10] 다시 말해, 온실효과 자체가 존재하지 않는다면 온실효과가 심해질 일도 없다고 주장하는 것이다. 이 말대로라면 지구온난화 문제는 결국 없는 문제이니 해결할 필요도, 온실가스 배출을 줄일 필요도 없다. 이들은 온실효과가 물리학의 기본 법칙에 모순되기 때문에 말이 되지 않는다고 주장하며, 특히 열역학 제2법칙을 근거로 든다. 과학자가 아니면 물리 법칙에 대해 잘 아는 사람은 그리 많지 않으니, 일반 대중을 혼란스럽게 만들기에는 충분한 수단이다. 그런데 '온실효과가 열역학 제2법칙에 모순된다'는 말만 얼핏 보면 과학적인 근거가 있는 말처럼 들려 일반 대중을 속일 수 있을지는 몰라도, 이 주장이 말도 안 된다는 사실은 변하지 않는다.

기후변화 회의론자들은 열역학 제2법칙을 가지고 열이 차가운 대기에서 따뜻한 지표면으로 흐를 수 없다고 주장한다.

그러나 이 주장은 공기가 차가운 곳에서 따뜻한 곳으로 흐를 수 없는 것은 닫힌 공간뿐이라는 사실을 간과한 것이다. 지구는 태양으로부터 에너지를 받고 또 적외선 형태로 에너지를 다시 방출하므로 결코 닫힌 공간이 아니다. 지구 표면에서 어떤 일이 일어나는지 제대로 파악하려면 적외선 복사에너지, 대기 복사에너지, 태양 복사에너지를 비롯한 모든 에너지의 흐름을 알고 있어야 한다. 그 외에도 지표면의 물이 증발하고 증산하는 두 가지 현상이 대기의 흐름에 영향을 주어 열을 대기까지 전달하는 '난류 열전달'*이 일어나는 것도 이런 에너지의 흐름에 영향을 미친다. 이처럼 지표면과 대기 사이에서 나타나는 모든 에너지의 흐름을 고려하면, 열역학 제2법칙에 따라 열이 상대적으로 따뜻한 지구 표면에서 더 차가운 대기로 이동한다는 사실을 알 수 있다.

기후변화 회의론자들이 내세우는 두 번째 근거도 아쉽지만 전문가가 아니고는 반박하기 어렵다. 이들은 대기 중 이산화탄소의 농도가 이미 충분히 높아 방사선 흡수가 포화상태이기 때문에, 설령 대기 중 이산화탄소의 농도가 더 높아진다 해도 기후에는 영향을 미치지 않는다고 주장한다. 이 주장을 보면 기후변화 회의론자들이 대기의 방사 과정을 잘 모르거나 혹

---

* 여기에는 대기의 응축 과정에서 방출되는 물이 증발하면서 지표면에서 에너지를 흡수하는 잠열 흐름이 포함된다. 이는 다른 한편으로는 인간이 느낄 수 있는 열의 흐름을 의미하기도 한다.

은 알려고 하지 않는다는 사실을 새삼 깨닫게 된다. 지표면에서 방출되는 적외선은 '15마이크로미터 이산화탄소 흡수 대역'에서 이산화탄소에 흡수되는데, 여기서 대역이란 방사선이 흡수되는 파장의 범위를 말하는 것이다. 기후변화 회의론자들은 이 15마이크로미터 대역에서 이미 이산화탄소가 대부분 흡수되니, 대기 중 이산화탄소 농도가 증가한다고 해서 적외선 복사가 대기의 투과성을 변화시키지 않아 지표면 온도에도 영향을 미치지 않는다고 주장한다. 물론 이산화탄소를 흡수하는 15마이크로미터 대역은 실제로 거의 포화상태지만, 흡수 대역의 중심부가 아닌 가장자리는 그렇지 않다. 하지만 이 사실을 확인하려면 실험실에서 설비를 갖추고 매우 세밀하게 측정을 해봐야 하는데, 기후변화 회의론자들이 이런 설비를 갖추고 있을 리가 만무하다.

대기 중의 세차운동, 즉 회전하는 천체나 물체의 회전축이 도는 것을 측정해 보면 파장 길이가 13마이크로미터이면서 파장 범위가 10.1~10.8마이크로미터인 대역에서는 이산화탄소가 거의 흡수되지 않는다. 이를 반대로 생각해 보면, 이 대역에는 이미 이산화탄소가 많아 적외선 복사에너지를 더 많이 흡수할 수 있다는 말이기도 하다. 그런데 적외선 복사에너지가 거의 아무런 방해도 받지 않고 지표면에서 우주로 빠져나갈 수 있는 8~13마이크로미터 대역의 대기창은 점점 작아지는 추세다. 따라서 대기 중 이산화탄소가 증가하는 즉시 온실효과도 강해지고, 지표면 온도도 높아지게 된다. 무엇이 기후변화 회의론자들로 하여금 이산화탄소 증가가 기후에 영향을 미치지 않는다고 주장하게 하는 원동력이 되는지는 잘 모르겠다. 이들의 주장은 근거가 빈약하고, 조금만 살펴봐도 정확한 사실에 근거하지 않는다는 것을 쉽게 알 수 있다. 제대로 아는 것도 아니면서 잘못된 지식을 진짜처럼 말하거나 심지어 대중에게 전파하려고까지 하는 이런 태도는 옳지 않다. 기후변화 회의론자 중에는 자신의 이익을 위해 이산화탄소가 기후에 영향을 미친다는 과학적 사실을 반박하는 경우도 있다. 개인적으로 기후변화 회의론자들을 수년간 상대해 오면서 이 두 경우를 모두 보았다.

그런데 온실효과의 강도를 나타내는 요소 중 하나인 '복사 강제력radiative forcing'은 직선이 아닌 로그함수 상관관계[11]를 따르기 때문에([그림 5]) 대기 중 이산화탄소가 계속 증가하다 보면 줄어들게 마련이다. 이산화탄소 농도가 두 배가 된다고 해서 복사 강제력도 반드시 두 배가 되지는 않는 것이다. 하지만 이산화탄소 농도가 두 배 높아질 때마다 지표면은 일정량의 에너지를 받아 온도가 상승한다.

이번 장을 마무리하면서 복사 강제력에 대해 자주 발생하는 오해를 하나 짚고 넘어가야 할 것 같다. 복사 강제력의 로

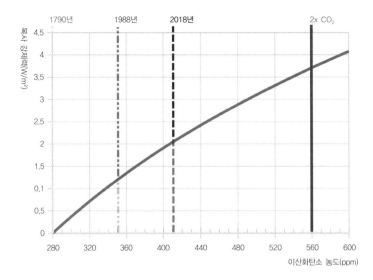

그림 5. 이산화탄소 농도에 따른 복사 강제력. 오른쪽 빨간 수직선은 산업화 이전의 대기 중 이산화탄소 함량의 2배(2xCO₂) 수치, 왼쪽의 점선 두 개는 각각 1988년과 2018년의 이산화탄소 농도에 해당한다. 복사 강제력은 온실효과가 강화됨을 가리키는 척도다.

출처: https://skepticalscience.com/whyglobal-warming-can-accelerate.html

그함수 상관관계가 이산화탄소 농도에 따라 달라진다는 것을 가지고, 대기 중 이산화탄소가 증가하는 것이 사실 그렇게 심각하지는 않은 문제라고 오해하는 경우가 있다. 가령 대기 중 이산화탄소 함량이 산업화 이전 수준인 280ppm에서 560ppm 으로 2배가 되면 온실효과는 제곱미터당 3.7와트 증가한다([그림 5]). 그리고 이산화탄소 함량이 560ppm에서 1,120ppm으로 다시 2배가 되면 온실효과는 또 그만큼 증가한다. 그러나 복사 에너지를 흡수하는 과정에서 에너지 손실이 발생하는 것은 이산화탄소 농도가 매우 높아진 이후에야 나타나는 현상인데, 이는 오늘날 [그림 5]에서 나타나는 곡선이 거의 직선이 될 정도로 가파르게 높아지는 단계에 접어들었기 때문이다.

마지막으로 한 가지만 강조하고 이번 장을 끝내겠다. 물리 법칙에 따르면 대기 중에 이산화탄소가 많아질수록 지구 온도는 더 빠르게 증가하므로 우리는 지구가 너무 뜨거워져 돌이킬 수 없어지기 전에 이산화탄소 배출을 한시바삐 낮춰야 한다.

인간이 기후에 영향을 미친다는 증거

대기 중 온실가스 농도가 높아지면서 오늘날 기후변화가 어떻게 일어나고 있는지, 그리고 지금 일어나는 기후변화를 정말로 인간 때문이라고 볼 수 있는지에 대한 의문이 제기된다. 사실 인간이 기후에 영향을 미친다는 증거는 이 책 전체에 걸쳐 다뤄도 부족할 정도로 넘쳐나기도 하고 또 쉽게 접할 수 있는 부분이기 때문에, 이 책에서는 기후변화가 어떻게 진행되는지 그 핵심적인 원리와 이에 대한 이해를 도울 수 있는 기후 시뮬레이션 결과에 대해 이야기해 보려고 한다.

지구 온도 상승

대기 중 이산화탄소가 증가한 만큼, 1880년 이후 지구 온도도 1도 이상 높아졌다([그림 1]). 지구가 따뜻해지리라는 것은 이미 학자들이 100년도 더 전에 예측했던 일이기 때문에 그다지 놀라운 일은 아니었다. 노벨화학상 수상자이기도 한 스웨덴 화학자 스반테 아레니우스Svante Arrhenius는 1896년 대기 중의 이산화탄소 함량이 지구의 온도에 어떤 영향을 미치는지를 물리학 법칙을 활용해 종이와 연필만으로 계산해 냈고, 이를 '대기 중 탄산이 지표면 온도에 미치는 영향에 관하여'라는 논문으로 발표했는데[12], 여기서 탄산이란 이산화탄소를 가리킨다. 그의 계산에 따르면 대기 중 이산화탄소가 두 배로 늘어나면 지표면의 온도는 약 5도 상승한다. 이 연구를 통해 아레니우스는 지구 온도가 이산화탄소의 증가에 얼마나 민감하게 반응하는지를 나타내는 '기후 민감도'를 최초로 계산해 내기도 했다.

기후 민감도란 대기의 균형적인 상태를 말하는 평형상태에서 산업화 이전보다 대기 중 이산화탄소 농도가 두 배로 올라갔을 때 온도가 얼마나 급격하게 상승하는지를 말한다. 그런데 여기서 유의할 점은, 기후에는 관성이 있어 대기 중 이산화탄소 농도가 두 배로 늘어났을 때 민감한 상태에서 다시 안정적인 평형상태가 될 때까지 굉장히 오래 걸린다는 점이다. 현재 기후모델의 기후 민감도는 약 1.5~4.5도 정도이며[13], 그중에서도 가장 정확한 수치는 약 3도라고 볼 수 있다. 사실 아레니우스가 계산한 기후 민감도는 너무 높은 편이었고, 아레니우스 본인도 논문에서 기후 민감도에 대한 자신의 추정치가 너무 높을 수도 있다는 점을 언급했다. 재미있는 것은 최근에 나온 기후모델 중 일부 모델의 기후 민감도가 아레니우스가 계산한 것과 꽤 비슷하다는 점이다.[14, 15]

한편 기후 민감도 계산식은 아직도 완성되지 않았는데, 그렇다고 해서 자연이 실제 기후 민감도에 대한 질문에 답을 줄

때까지 마냥 기다리고만 있어서는 안 된다. 기후 민감도 계산식이 완전하지는 않았더라도 아레니우스가 이산화탄소가 지구 온도에 미치는 영향에 대해 이미 100년도 더 전에 발표한 이 연구는 기후 연구의 중요한 분기점이자, 인간이 기후에 영향을 미친다는 사실을 증명하는 중요한 증거다. 대기 중의 이산화탄소가 갑자기 늘어나면 기온도 크게 증가할 것이라던 아레니우스의 예측이 이제 현실이 되었기 때문이다. 우리가 지금 경험하는 기후는 지난 수천 년 동안 처음 있는 일이다. 지난 5,000년간 지구 온도는 심지어 약간 낮아지는 추세였는데도 산업화가 시작되고 나서 지구 온도는 1도 올라갔고([그림 6]), 또 지난 수십 년간 지구의 평균 온도는 최소 지난 2,000년간 가장 높을 가능성이 매우 크다.

사실 지구 온도가 1도 올라간다는 말만 들으면 이게 그렇게 심각한 문제인지 쉽게 이해되지 않을 수 있다. 하지만 약 2만 년 전 마지막 빙하기(바이흐젤 빙기)와 약 7,000년 전 지구 역사상 가장 살기 좋았던 기후인 '홀로세'* 사이의 평균 최고 온도의 차이가 4도에 '불과'했다는 사실을 고려하면([그림 6]) 1도가 가지는 의미는 완전히 달라진다. 게다가 지난 1,000년과 비교해 지금 지구 온도가 상승하는 속도도 어마어마한데[16], 이

---

* '홀로세'란 빙하기 이후부터 지금까지 이어지고 있는 온난기를 말한다.

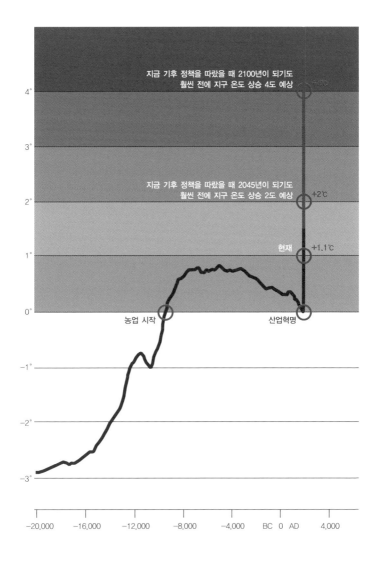

지금 기후 정책을 따랐을 때 2100년이 되기도
훨씬 전에 지구 온도 상승 4도 예상

지금 기후 정책을 따랐을 때 2045년이 되기도
훨씬 전에 지구 온도 상승 2도 예상

현재

농업 시작

산업혁명

그림 6. 산업화 이전 지구 평균 기온(도)을 기준으로 약 2만 년 전 마지막 빙하기 이후 1880년에 기상관측이 시작되고 나서의 기온(모두 검은 선)의 편차를 재구성한 것과, 지금의 기후 정책을 따랐을 때 21세기 말까지 예상되는 지구 기온 상승(빨간색)

출처: https://sites.google.com/site/irelandclimatechange/global-warming-will-happen-faster-than-we-think

것만 봐도 지구온난화의 원인이 인간 때문이라는 것은 명백하다. 우리가 지금 경험하는 것은 시작일 뿐이다. 만약 인류가 지금처럼 온실가스를 배출한다면 지구 온도는 21세기 말까지 산업화 이전과 비교해 4도 이상 높아질 수 있다. 그렇게 된다면 인류는 말 그대로 뜨거운 '열기(핫타임)' 속에 살게 될 것이다.

지난 수천 년간 눈에 띄게 기후변화가 일어난 적이 당연히 있었지만, 이런 기후변화는 주로 일부 지역에 국한되어 나타났다. 이런 지역적인 기후변화 중 대표적인 것으로는 1400년에서 1850년까지의 소빙기가 있는데, 보통은 소빙기에 대해 헨드릭 아베르캄프Hendrick Avercamp가 1608년에 그린 꽁꽁 언 네덜란드 운하에서 사람들이 스케이트를 타고 있는 모습이나, 알프스 협곡 깊은 곳까지 얼어붙은 모습을 그린 작품을 통해 알고 있을 것이다. 1725년에 발표된 비발디의 걸작 '사계'에도 당시의 추운 날씨가 묘사되었다. 사계를 작곡하는 동안 이탈리아 베네치아에 머물고 있던 비발디는 당시 꽁꽁 언 베네치아의 석호에서 사람들이 스케이트를 타던 소리를 음악으로 표현했다. 소빙기의 주요 원인은 당시 화산이 여러 차례 폭발하면서 유황 가스가 성층권(10~50킬로미터)에 대량으로 유입되었기 때문일 것으로 추정된다. 유황 가스에서 생겨난 황산 방울이 지구 전체로 퍼져 태양 복사에너지의 일부를 다시 우주로 반사해 지구의 기온이 낮아졌던 것이다. 독일 화가 카스파르 다비트 프리드리히Caspar David Friedrich, 1774~1840나 영국 화가 윌리엄 터너William Turner, 1775~1851의 그림에서도 화산 폭발이 소빙기의 원인이라는 것을 찾아볼 수 있다. 이들의 작품 중에는 화려한 일출과 일몰을 그린 것들이 있는데, 이렇게 화려한 일몰과 일출은 화산이 크게 폭발했을 때 나타나는 전형적인 현상이기 때문이다. 물론 자연적으로 태양에서 지구에 도달하는 복사에너지가 약해진 것도 어느 정도 소빙기에 영향을 미쳤겠지만, 그 영향이 크지는 않았다.

나무의 나이테 분석을 통해 당시 기온을 추정한 결과 역시 몇 세기 동안 유럽의 온도가 굉장히 시원했고, 북미 지역은 심지어 매우 추웠던 것으로 확인돼 초기에는 소빙기가 지구 전체에 걸쳐 나타났을 거라 추정되기도 했다. 약 950년에서 1200년 사이에 있었던 온난기에 대해서도 비슷한 추정이 이루어졌다. 그런데 최근 연구 결과에 따르면 지난 2,000년간 지구 전체가 춥거나 따뜻했던 적은 없었다는 것이 밝혀졌다. 소빙기에 세계가 전반적으로 기온이 낮기는 했어도, 지구 전체가 그런 것은 아니었다는 것이다. 산업화 이전의 온난기나 한랭기는 항상 일어나는 시기와 장소가 다양했고, 지구 전체의 평균 온도에도 큰 영향을 미치지 않았다([그림 6]). 반면 우리가 지금 경험하는 지구온난화는 모든 위도에서 동시에 발생하여, 지구 평균 기온에도 분명한 영향을 미친다.

해수면 상승

지구온난화로 인한 다양한 결과들 중에서도 특히 눈에 띄는 것은 해수면 상승이다. 이미 150년 전부터 밀물과 썰물의 높이 차이를 통해 해수면을 측정하기 시작했고, 30년 전부터는 인공위성을 통해 해수면 높이를 측정하고 있다([그림 7]). 특히 이 두 가지 측정이 동시에 이루어진 기간에는 측정의 정확도가 매우 높은데, 그 결과를 보면 해수면이 급격하게 높아지고 있다는 것을 알 수 있다.

해수면이 높아지는 주된 원인은 두 가지다. 첫째는 지상의 얼음덩어리(만년설, 산 빙하, 대륙 빙상)가 녹는 것이고, 둘째는 바다의 온도가 높아져 바닷물의 부피가 팽창하는 것이다. 바닷물의 부피가 증가하는 것은 온도가 높아지면 부피가 커진다는 물리적인 현상으로 간단히 설명할 수 있다. 지난 수십 년간 대기 중 온실가스가 늘어나면서 발생한 열의 90퍼센트 이상을 바다가 흡수했다. 우선 이산화탄소 증가로 대기 온도가 올라가는 데 사용된 열은 1퍼센트에 불과하다. 육지 온도를 높이는 데 전체 열의 3퍼센트, 땅 위의 얼음을 녹이는 데에는 3퍼센트가 사용되었다. 따라서 바다가 90퍼센트 이상의 어마어마한 열을 흡수해 준다는 것은 우리에게 축복인 동시에 저주이기도 하다. 바다는 대기 온도가 더 빠르게 상승하는 것을 막아주기도 하지만, 바다의 온도가 상승하면 단순히 지상의 얼음만 녹

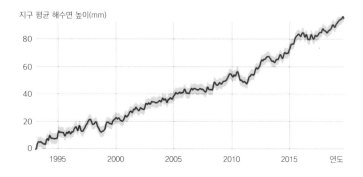

지구 평균 해수면 높이(mm)

그림 7. 지구 평균 해수면 높이를 초기에 측정한 값과 1993년 위성 측정이 시작된 이후 측정한 값의 편차

을 때보다 해수면이 더 빨리 높아지기 때문이다.

1900년 이후 해수면 높이는 지구 전체 평균적으로 약 25센티미터 높아졌는데, 그중 절반 정도는 바닷물이 팽창해 높아진 것이었다. 20세기에 들어서면서 해수면은 매년 평균적으로 약 1.5밀리미터 높아졌고, 1993년 위성 측정이 시작된 이후에는 매년 평균 3.5밀리미터 올라갔다. 그리고 지난 수십 년간 해수면이 높아지는 속도는 그전 수십 년에 비해 눈에 띄게 빨라졌다. 위성을 통해 해수면을 관측하기 시작한 이후, 특히 2000년대에 들어서고 나서부터는 그린란드와 남극의 빙하가 녹아 사라지면서 해수면이 올라가는 속도가 더 빨라지고 있다는 것을 볼 수 있었다.[17] 지난 2,000년간 해수면 높이가 이렇게 빨리 상승한 적은 없었다. 모든 측정 지표가 지구온난화의 증거가 되는 이 상황이 정말 기후변화 회의론자들의 주장처럼 단순한 우연의 일치일까? 아니, 우연의 일치라는 것은 말도 안 되는 터무니없는 주장이다. 지구 온도가 높아지고 있다는 것을 비롯해 지난 수십 년간 해수면의 급격한 상승은 도저히 자연적인 현상이라고 볼 수가 없다.

빙하기에서 온난기로 넘어가는 시기에 걸쳐 해수면 높이는 지구 전체 평균 최대 140미터 높아졌었는데, 이는 대부분 1만 년에서 1만 5,000년 사이에 이루어진 것이므로 매년 평균 약 10~15밀리미터 높아진 셈이다. 이처럼 해수면의 빠른 상승 추세는 극심한 빙기가 끝나고 거대한 빙하가 바다에 도달할 때까지 계속되었다. 산호초가 퇴적한 화석 분석을 통해서도 마지막 빙하기에서 지금 우리가 사는 온난기로 넘어오는 과정에서 해수면이 500년도 안 되는 기간 동안 14~18미터 높아진 적이 있다는 결과가 나온다. 이처럼 빙하가 급격하게 붕괴되고 해수면이 높아지는 것을 '해빙수 펄스 1A_{meltwater pulse 1A}'라고 하며, 이 시기에 해수면은 매년 40밀리미터 이상 높아졌다.

학계에서는 앞으로도 해수면이 높아지는 속도가 분명 계속해서 빨라질 거라고 확신하지만, 21세기 말에 해수면이 실제로 어느 정도까지 높아질지는 아직 확실하게 예측할 수 없다. 지구 전체에서 평균 1미터가 높아질 수도 있고, 기온이 변화하는 정도에 따라 훨씬 더 높아질 수도 있다.[18] 해수면 높이가 해빙수 펄스 1A 시기에 비해 천천히 상승한다 해도, 이런 변화 자체가 큰 문제로 이어질 것이다.

위성 관측을 통해 지구 전체의 모습을 살펴보면, 해수면 높이가 지구 전체적으로 높아졌다는 것 외에도 지역 간의 편차가 크다는 것을 알 수 있는데, 이때 지역 간 편차는 전 세계 해수면이 높아진 정도와 비슷한 정도일 것이다. 해안 지역 중에서도 해수면이 특히 급격하게 상승한 지역이 있는 반면, 해수면이 낮아진 지역도 많지는 않지만 있다. 기후변화 회의론자들은 해수면이 낮아진 지역이 있다는 이 사실을 놓치지 않고 자신들의 주장에 유리하게 이용하려고 하지만, 과학적으로 해수면이 낮아지는 이유 역시 간단하게 설명할 수 있으니 크게 걱정할 필요는 없다.

예를 들어, 발트해 북부 지역에서는 지난 몇 년간 해수면이 크게 낮아졌는데, 그 이유는 과연 무엇일까? 우선 마지막 빙하기 동안 1킬로미터 두께의 얼음덩어리가 땅을 아래로 짓누르고 있었다. 그런데 이 얼음덩어리가 사라지고 난 후, 가라앉았던 땅이 해수면이 높아지는 속도보다 빠르게 높아지다 보니 해수면이 상대적으로 낮아진 것이다. 또 기압이 변하면 바람도 달라지는 것처럼, 해류가 바뀌면서 지역 간 해수면의 높이가 달라지기도 한다. 물론 해류가 어떻게 바뀌는지는 해수면 높이에 반영되지 않는다.

인간이 기후에 영향을 미치는 증거

하나하나 세세하게 설명할 수는 없지만, 그 외에도 온실효과로 인해 성층권에 냉각화[19]가 일어나는 등 인류가 기후에 영향을 미친다는 증거는 수없이 많다. 이렇게 분명한 증거가 넘쳐나고 있음에도 기후변화 회의론자들의 그럴싸한 말 때문에 아직도 지구온난화가 왜 일어나는지 잘 모르는 사람들이 많다. 기후변화 회의론자들의 핵심 주장 중 하나는 기후변화가 인간 때문이라는 증거가 없다는 것이다. 이들은 인간이 기후에 영향을 미친다는 과학적 사실이 마치 입증되지 않은 수많은 '가설' 중 하나인 것처럼 말한다. 이 세상에 종교를 믿는 사람과 믿지 않는 사람이 모두 있는 것처럼, 기후변화도 믿는 사람이 있고 믿지 않는 사람이 있는 거라면서 기후 연구가 과학적으로 확실하다는 것을 부정하려고 한다.

기후변화 회의론자들의 주장에 근거가 부족하다는 것을 지적하고, 그들이 아무 말 못 하게 할 확실한 증거를 내밀 수는 없을까? 어떻게 하면 지구온난화가 인간 때문이라는 것을 한 치의 의심도 품지 않도록 확실히 이해시킬 수 있을까? 이를 위해 가상의 시나리오를 만들어 특정 개념을 이해하는 '사고 실험'을 진행하여 '타임머신'을 타고 산업화 이전 시대인 1800년으로 한 번 여행을 떠나 보자. 만약 인류가 그때부터 이미 온실가스를 방출하지 않으면서 발전을 이루었다면 세계는 지금

쯤 어떤 모습일지를 상상해 보는 것이다. 이 평행 세계에서 화석연료를 사용하지 않고 태양열과 풍력, 수력, 지열, 조력, 파력 등 재생에너지만 활용한다면 이산화탄소를 비롯한 온실가스를 배출하지 않고, 교통수단을 이용할 때나 물건을 운송하는 과정에서도 이산화탄소가 나오지 않는다. 자동차도 질소화합물을 배출하지 않으니, 온실효과가 심해지게 만드는 지상 오존$_{O_3}$도 나오지 않을 것이다. 그뿐만 아니라 농업도 메탄$_{CH_4}$이나 아산화질소$_{N_2O}$와 같은 온실가스를 배출하지 않는 방식으로 이루어진다. 이처럼 이산화탄소를 배출하지 않으면서 발전한 세계와 지금 우리가 처한 현실을 비교해 보면서 인류가 산업화 초기부터 기후에 어떤 영향을 미쳤는지를 알아보는 것이 '사고실험'이다.

물론 현실에서는 타임머신을 타고 과거로 돌아가 처음부터 다시 시작할 기회는 없지만, 컴퓨터 속 가상 세계에서는 가능하다. 컴퓨터 시뮬레이션은 이제 학술 분야뿐 아니라 산업 분야에서도 하나의 표준 도구로 자리 잡아서, 요즘에는 자동차·선박·항공기 개발도 전부 컴퓨터를 통해 이루어진다. 컴퓨터 프로그램을 활용하면 비행 시뮬레이션부터 까다로운 비행 시운전까지 많은 것이 가능하니, 컴퓨터 시뮬레이션은 이제 현대 사회에서 없어서는 안 될 필수적인 요소가 되었다.

기후학자들도 이런 식으로 컴퓨터를 활용해 지구를 상당

히 흡사하게 재현해 지구의 기후를 시뮬레이션할 수 있다. 물론 지구뿐 아니라 다른 행성을 재현해볼 수도 있다.[20] 어떤 행성이든 환경은 달라도 기후는 항상 같은 물리 법칙을 따르기 때문이다. 즉 대기나 해양, 얼음은 어떤 행성에 있든 모두 물리 법칙에 따라 움직인다. 물리 법칙은 우리가 잘 아는 것처럼 수학 방정식으로 표현할 수 있는데, 물리 방정식은 매우 복잡하기 때문에 분석적인 방법[21]으로 간단히 풀 수가 없다. 기후를 물리적으로 설명할 때 사용되는 수학은 우리가 학교에서 배우는 수학과는 차원이 다르다. 그렇지만 다행히 수학의 특별한 한 갈래인 수치해석학을 통해 기후 방정식을 대략적으로나마 풀 수가 있는데, 이를 통해 기후학자들은 아레니우스가 1896년 발견했던 이산화탄소가 기온에 미치는 영향에 대한 획기적인 계산식을 훨씬 뛰어넘어 많은 발전을 이루었다. 50년 전까지만 해도 기후 방정식을 풀려면 일단 방정식을 간소화해야만 했는데, 수치해석학이 이런 과정 없이도 방정식을 풀 방법을 제시해준 것이다. 영국 기상학자인 루이스 프라이 리처드슨 Lewis Fry Richardson도 일찍이 1922년에 『수치 계산에 의한 기상 예측』이라는 책에서 수치해석학을 기상예보에 적용하는 방법을 설명했었다.[22]

지구를 시뮬레이션하기 위해 기후 방정식을 풀려면 높이와 깊이가 다양한 가상의 계산격자로 지구를 덮은 다음, 다른 격자점의 값을 고려하면서 각 계산점을 대략적인 방정식으로 풀어야 한다. 이때 계산격자가 촘촘할수록 답의 정확도도 높아지며, 요즘에는 보통 약 50킬로미터 정도의 계산격자를 사용한다. 그런데 이 계산격자로 지구 전체를 덮으면 계산점이 무수히 많아져, 기후모델 시뮬레이션을 만들기 위해서는 엄청난 양의 계산을 해야 하는데, 이는 인간이 도무지 해낼 수 없는 수준이다. 이러한 이유로 리처드슨의 구상은 인간은 도저히 할수 없는 속도로 이런 계산을 할 수 있는 슈퍼컴퓨터가 등장하기 전까지는 활용할 수 없는 이론에 불과했다. 이처럼 수학 방정식을 컴퓨터 시뮬레이션으로 구현한 것을 '기후모델'이라고한다. 기후모델은 한마디로 디지털 지구라고 할 수 있는데, 기후모델을 만드는 컴퓨터의 성능이 높을수록 실제 지구와 더비슷해진다. 학자들이 기후 체계에서 어떤 일이 벌어지는지를연구하고 실험할 수 있도록 실험용 지구를 만드는 셈이다. 이모델을 활용하면 대기 중 온실가스가 증가하는 것이 기후에미치는 영향이나 온도, 습도, 해수면의 변화, 발생할 수 있는극단적 기상현상, 유빙이나 해류의 변화까지 알 수가 있다.

기후모델이 제대로 작동하는지를 알아보기 위해 학자들은먼저 현재의 기후를 시뮬레이션해 본다. 이때 혹여나 잘못된주장에 이용될 가능성이 있는 데이터는 아예 사용하지 않으며,육지와 바다의 분포, 산맥이나 해저의 높낮이와 같은 기본적인 조건만을 입력한다. 그 밖에 대기의 위쪽 가장자리에서 지구를 향해 들어오는 태양 복사에너지나 대기 구성 성분 등도 이런 기본 조건에 포함된다. 기후모델은 3차원으로 바람의 분포나 구름의 덮임, 바다의 각 층별 해류나 극지방의 해빙과 같은 요소에 계절의 변화까지 반영한 시뮬레이션을 구현할 수 있어야 한다. 기후변화 회의론자들은 기후모델을 작동해 보면 처음부터 측정값 형태로 결과가 나온다고 주장하는데, 기후모델이 이렇게 다양한 요소들을 고려한다는 것을 생각하면 당연히 터무니없는 주장이다. 그 밖에도 시뮬레이션을 하기 전에 '기후 변동성'이라 불리는 기후의 자연적 변화도 1년 혹은 10년 단위로 설정해야 한다. 만일 지구로 들어오는 태양 복사에너지가 항상 동일하고, 화산 폭발이 일어나지 않으며 대기 중 온실가스의 농도가 그대로인 등 지구상에 아무런 변수가 없다고 가정하더라도 기후의 역학 자체가 매우 복잡하기 때문에 기후는 변할 수밖에 없다.

한편 기후모델상으로는 엘니뇨 현상처럼 시뮬레이션으로 설정한 현상과 열대 태평양의 온도가 몇 달 동안 높아지는 자연적 현상[23]을 거의 구분할 수 없다. 그렇지만 기후모델을 통해 곧 일어날 기후 현상을 예측할 수는 있는데, 가령 엘니뇨나 라니냐 등의 현상을 몇 달 전에 정확히 예측해 그 현상이 일어날 국가의 경제 및 건강상의 피해를 크게 줄일 수 있다.

또한 이런 기후모델을 통해 기후가 기본적으로 어떻게 작동하는지를 알 수 있다. 예를 들어, 기후모델을 활용해 소빙기나 중세의 온난기와 같은 과거의 기후변동을 시뮬레이션하고 왜 이런 현상이 일어났는지를 알아볼 수 있는 것이다. 이렇게 기후모델을 가지고 파악한 소빙기의 주요 원인은 강력한 화산 폭발이 일어나 대기 중에 황화합물이 유입되었고, 이것이 황산 방울이 되어 지구로 들어오는 태양복사를 일부 반사해 다시 우주로 돌려보냈기 때문이었다. 물론 태양 흑점을 관측해 추정했던 것처럼 지구로 들어오는 태양 복사에너지가 약해졌던 것도 화산만큼 큰 영향을 미치지는 못했더라도 지구 온도가 낮아지게 한 요인으로 작용했다. 이 두 가지 요소 없이는 소빙기 때 북반구의 기온이 낮아졌던 현상을 설명할 수 없다. 또 기후모델로 보면 중세의 온난기는 태양 복사에너지가 강해지고 화산 활동이 적어진다는, 지구 온도를 높이는 두 가지 요인이 결합해 발생했다. 그 외 대서양의 따뜻한 해류인 멕시코만 난류의 순환이 강해져 북대서양 지역이 특히 따뜻해진 것도 하나의 요인이 된다. 그 덕분에 바이킹족은 북부 깊은 곳까지 항해할 수 있기도 했다.

컴퓨터 모델을 통해 대기 중 이산화탄소가 증가했을 때 기후가 어떻게 변화하는지 시뮬레이션하는 것은 불과 30년 전에 시작되었다.[24] 당시 시뮬레이션 결과와 지난 수십 년간 실제로 기온이 어떻게 변화했는지를 비교해 보면 놀라울 정도로 대체로 일치하는데, 이는 대기 중 이산화탄소의 증가가 기후에 분명히 영향을 미친다는 것을 의미한다. 그 밖에도 기후모델을 가지고 성층권이 어떻게 냉각되는지를 관측해 기후 체계 속의 열기가 어느 지역의 바다 깊은 곳으로 침투하게 될지를 예측하기도 했다. 물론 모든 시뮬레이션 결과가 실제 변화와 일치하지는 않았는데, 이는 이산화탄소가 기후변화의 주된 원인이지만 유일한 원인은 아니었기 때문이다. 당시 모델이 지금처럼 정교하지 못했다는 것을 고려하면 그때도 이미 컴퓨터 시뮬레이션 기술이 많이 발전해 있었다는 것을 알 수 있다. 따라서 시뮬레이션은 당시 기후 연구의 돌파구가 되어 주었고, 지금도 지난 수십 년간 지구의 온도가 높아진 주요 원인이 인류와 인류가 배출한 온실가스라는 것을 증명해 준다.

학자들은 기후모델을 활용해 앞서 얘기한 바와 같이 과거로 돌아간 '사고 실험'을 실제로 구현해 냈다. 기후모델을 시뮬레이션해서 20세기와 21세기 초반의 기후변화에 어떤 외부 요인이 작용했는지, 그리고 자연적·인위적·내부적인 기후변동이 각각 어떤 역할을 했는지를 추정해낸 것이다. 그 밖에도 이런 모델을 통해 인간이 기후에 영향을 미친다는 또 다른 증거를 확인할 수 있다.[25] 우선 첫 번째 시뮬레이션은 인간이 미치는 영향은 고려하지 않고, 자연적인 현상만을 고려해 진행하는

데, 그러면 변수는 태양 복사에너지와 화산 활동, 기후의 복잡한 자체적 역학뿐이다. 따라서 이 시뮬레이션에서는 지구 전체 평균 온도가 그다지 크게 증가하지 않았다. 반면 두 번째로 기후모델을 시뮬레이션할 때는 자연적인 요인뿐만 아니라 대기 중 온실가스와 에어로졸 농도 증가 등 인간으로 인한 인위적 요인도 함께 고려한다. 그러면 두 번째 시뮬레이션에서 지구 평균 기온이 변화하는 추세는 실제로 기온을 측정했던 결과와 상당히 일치한다. 이는 결국 인간으로 인한 인위적인 요인을 고려하지 않으면 지구온난화가 어떻게 이루어지는지 정확히 시뮬레이션할 수 없음을 시사한다. 학계의 의견도 이와 일치하며, IPCC도 보고서에서 "인간이 기후에 영향을 미친다는 것은 분명한 사실이다."라고 설명하고 있다.[26]

이처럼 자연적 요인과 인위적 요인을 모두 고려해 시뮬레이션을 해보면, 20세기 중반 이후 각 지역별로 기온 변화에서 나타난 특성이 실제로 관측된 기온과 일치하게 구현된다. 이런 방식으로 기후모델을 활용해 분석해 보면 해양 지역에 비해 육지 지역에서 온난화가 강하게 나타나고, 북극 지역이 온난화의 영향을 특히 크게 받는 반면 남극해에서는 그 영향이 비교적 약하게 나타나는 것을 확인할 수 있다. 자연적인 요인만 고려해 시뮬레이션을 진행하면 세계 여러 지역의 기온이 실제 측정치보다 낮게 나타나는 등 실제를 반영하는 결과를 도출할 수 없다. 이는 지구 온도가 높아지는 것은 태양 복사에너지가 강해지기 때문이라는 기후변화 회의론자들의 주장을 반박할 수 있는 또 다른 증거가 되기도 한다. 심지어 실제로는 기후변화 회의론자들의 주장과 반대로 지난 수십 년간 태양 복사에너지가 오히려 감소했다. 그러면 대체 왜 그동안 지구 온도가 급격하게 상승한 걸까?

이 질문에 대해 기후변화 회의론자들은 이렇게 답한다. 자기들이 말했던 것은 빛의 형태로 지구에 들어오는 태양 복사에너지가 아니라 태양의 자기장이고, 이것이 지구에 도달하는 우주방사선에 영향을 미쳐 기후가 변한다는 것이다.[27] 그런데 우주방사선은 양성자나 전자처럼 작은 고에너지 입자들로 구성된다.[28] 예를 들어, 태양 자기장이 강해지면 지구에 도달하는 우주방사선이 줄어들고, 그러면 이론상 낮은 구름이 형성돼 햇빛을 다시 우주로 돌려보내기 때문에 일조량이 줄어드는 식으로 작용한다. 따라서 태양 자기장이 강해지면 간접적으로 지구의 알베도(반사율)가 줄어들고 지구 온도가 높아진다. 만약 이런 주장이 진짜라면 지난 수십 년간 태양 자기장, 우주방사선, 낮은 구름층의 형성 중 무엇이라도 실제 측정치로 나타났어야 마땅하나 현실은 그러지 않았다.[29] 그럼에도 불구하고 지구는 상당히 따뜻해졌다. 한편 우주방사선과 구름 형성 사이에 어떤 관계가 있는지도 확실하지 않다. 그러니 우주방사선이 작용하는 것이 실제 구름이 만들어지는 데 중요한 역할을 한다는 주장은 과학적 근거가 없다. 즉 기후변화 회의론자들이 사람들을 속이려고 사실도 아닌 주장을 큰 목소리로 떠들어대고 있다고밖에 할 수 없다.

그동안 우리가 경험했던 극단적 기상현상은 어떠한가? 이런 것들을 지구온난화 때문이라고 할 수 있을까? 독일에서는 2018년과 2019년에 여름이 너무 길고 더웠으며, 2019년 7월 25일 니더작센주 링겐 지역에서는 기온이 42.6도를 기록해 1881년 기상관측이 시작된 이래 독일에서 가장 더운 날이었다. 또 2019년 7월 24일부터 26일까지 사흘 연속으로 기온이 40도를 넘는, 독일에서는 유례없는 일이 일어나기도 했다. 약 100년 전 기상관측이 시작된 이후 독일의 기온은 1.5도 높아졌다. 그리고 과학적으로 분석해 보면, 앞으로는 이렇게 극단적으로 더운 날이 더 많아지고 최고 기온도 계속 경신될 것으로 예상된다.

문제는 최근 독일을 비롯한 유럽에서 발생하는 비정상적인 고온 현상 같은 개별적인 현상이 실제로 기후가 변화하고 있다는 것을 보여주는 것일 수 있다는 점이다. 앞서 설명한 물리적 이론만 봐도 기후변화가 극단적 기상현상이 발생할 가능성과 강도를 높인다는 것을 알 수 있다. 이런 현상의 인과관계를 연구하고 원인을 규명하는 '귀인 연구'를 해보면 기후변화가 각각의 극단적 기상현상에 어떤 영향을 미쳤는지를 알 수 있다. '귀인 연구'를 하려면 우선 지금의 기후 조건과 산업화 이전의 기후 조건을 각각 수백 번씩 시뮬레이션해야 하는데, 그러고 나면 이 두 시기에 각각 폭염과 같은 극단적 기상현상이 발생할 확률이 도출된다. '세계 기상 속성 프로젝트World Weather Attribution Project'[30] 연구원들은 이런 식으로 프랑스의 2019년 6월 말 기록적 폭염을 분석해 그 결과를 발표했다. 이에 따르면 2019년 당시 기온은 산업화 이전과 비교해 4도 더 높았고, 폭염이 발생할 가능성은 최소 5배 더 높았다.

3부

왜 기후 보호에는
진전이 없을까?

문제의 복잡성

기후 위기는 다양한 모습으로 나타나며, 우리 삶의 거의 모든 영역에 영향을 미친다. 기후 위기는 전 세계가 함께 나서서 해결해야 하며, 동시에 모든 과학 분야에도 도전 과제를 안겨주는 여러모로 매우 복잡한 문제다. 사실 지구온난화가 각 지역에 실제로 어떤 영향으로 나타날지를 구체적으로 예측하는 것은 쉬운 일이 아니다. 그래서인지 기후변화의 영향을 받는 지역에서조차 그 영향이 실제로 눈에 보일 때까지 아무런 조치도 취하지 않고 마냥 기다리기만 하는 경우가 있다. 하지만 기후에 100퍼센트 확실한 것이란 없다. 우리가 모든 과학적 지식을 총동원해 기후를 예측하려 한다 해도, 우리가 아직 잘 알지 못하거나 아예 모르는 부분이 있을 수 있다는 것이다. 물리학에 정해진 기본 법칙이 있는 것과 달리 생물학은 그렇지 않아 예측할 수 없는 것과 비슷하다.

이를 실제 기후에 대입해 보면, 예를 들어 대기 중 이산화탄소가 일정한 비율로 증가했을 때 지구의 온도가 얼마나 높아질지 계산하는 것은 비교적 쉽다. 하지만 기온이 높아지면서 생물의 활동이 어떻게 달라질 것인지, 그리고 이런 생물의 변화가 지구온난화에 다시 어떤 영향으로 이어질지를 파악하는 것은 훨씬 어렵다. 그리고 기후는 미래의 실제 온실가스 배출량에 매우 민감하게 반응해 그에 따라 실제 결과가 크게 달라지기 때문에 애초에 예측하는 것 자체가 불확실하다. 이는 과학자들이 기후를 예측하려고 하기보다는 기후 시나리오를 만들어 현실을 비춰보는 이유이기도 하다.

기후 문제는 인류를 말 그대로 파멸시킬 수도 있고, 수많은 분열과 추측으로 몰고 가 우리가 나아갈 길을 잃어버리게 할 수도 있다. 아예 사람들을 질리게 만들어 기후변화에 대한 이야기는 듣기도 싫어지게 만들기도 한다. 나는 기후변화가 왜 일어나고 어떻게 극복할 수 있는가 하는 질문을 정말 많이 받는데, 그럴 때마다 과학자나 기후학자가 아니라면 정치나 경제, 또는 다른 분야의 누구에게도 기후란 정말 어렵고 혼란스러운 문제일 거라는 생각이 든다. 결국 기후는 매우 복잡해서 이해하기도, 예측하기도 어려운 것이다. 그러니 전 세계가 한마음으로 뭉쳐 지구온난화를 막기 위해 노력하기가 쉽지 않은 것도 당연한 일이다.

인류가 기후 위기에 제대로 대응하기 어려운 이유 중에는 인간이 가진 이기심과 같은 다른 이유도 있다. 기후 문제에 관한 설문조사를 해보면 응답자 대부분이 대대적인 기후 보호 조치를 취해야 한다는 점에는 동의하면서도, 기후 보호를 위한 노력이 우리의 생활을 바꿔 놓아서는 안 된다는 모순적인 대답을 한다. 우리는 왜 이렇게 모순적일까? 이런 모순적인 행동을 어떻게 하면 바꿀 수 있을까? 이는 기후 분야뿐만 아니라 다른 학문 분야에서도 풀어야 할 문제다. 관련된 법 제도를 만들면 이런 모순을 해결할 수 있을까? 아니면 더 효과적인 다른 방법이 있을까? 어쩌면 지난 수십 년간 기술의 진보로 세계화가 이루어졌고 그 과정에서 우리가 사는 세상도 엄청나게 변화한 반면, 우리의 의식이 이 변화를 따라가지 못했기 때문일 수도 있다고 생각한다.

이제는 세계화가 시작된 지도 오래되어 세계가 매우 복잡하게 얽혀 있기 때문에 세계화가 어떤 식으로 이루어져 왔는지, 세계화가 우리 사회에 어떤 영향을 미치는지, 세계화로 완전히 연결된 세계란 어떻게 움직이는지 등을 파악하기가 불가능해졌다. 디지털화와 인공지능 덕분에 앞으로 우리 사회의 네트워크는 더욱 긴밀해지고 세계화에 속도가 더 붙을 것이다. 인류는 지금까지 경험하지 못한 완전히 새로운 세계로 들어서고 있고, 이 새로운 세계에서 우리는 정치·경제·생태·보건·사회 등 모든 분야에서 이전에 경험하지 못했던 완전히 새로운, 동시에 우리가 그 답을 알지 못하는 문제들과 마주할 것이다.

하나로 연결된 세계가 얼마나 복잡한지는 세계 금융위기를 예로 들 수 있다. 세계 금융위기는 2007년 미국의 부동산 거품이 꺼지고 미국의 주요 은행인 리먼 브라더스가 파산하면서 시작됐다. 금융위기로 인해 수없이 많은 은행이 파산했고, 결국 금융위기는 그다음 해에 세계적 경제위기로 확대되었다. 경제 전문가들조차 금융위기가 이렇게 연쇄반응을 일으키리라고는 예측하지 못했는데, 이처럼 우리가 사는 세계는 이제 모든 것이 복잡하게 얽히고설켜 정확히 파악하기가 어려워졌다. 한 지역에서 일어난 사소한 사건이 글로벌 위기가 될 수 있는 세계가 된 것이다.

사회학에는 어떤 하나의 요소가 구성원 전체에 영향을 미친다는 '체계적 위험systematic risk'이라는 용어가 있는데, 이는 기후 위기에도 적용되는 말이다. 독일의 사회학자 오르트빈 렌Ortwin Renn도 기후 문제의 체계적 위험에 대해 "기후변화와 같은 체계적 위험은 매우 복잡하면서도 다른 위험 요소와 밀접하게 연결되어 있어 경제뿐 아니라 우리 삶의 많은 부분에 영향을 미친다. 이런 위험 요소 간의 관계는 한눈에 파악하기 어렵기 때문에 언뜻 보기에는 별로 심각해 보이지 않지만, 사실 이런 위험을 통제하기란 대단히 어렵다. 또한 체계적 위험은 국가 간 경계뿐 아니라 학술, 기술, 경제, 정치, 사회 체계 등 다양한 분야의 경계를 넘어 작용한다."[1]라고 말했다.

기후 위기는 전 세계의 문제이자 사회 여러 분야와도 밀접한 연관이 있다는 건 분명한 사실이다. 예를 들어 오늘날에는 상품의 생산과 공급이 전 세계에 걸쳐 이루어지는데, 대체로 선진국이 신흥국이나 개발도상국처럼 일반적으로 환경 기준이 낮은 국가에 생산을 맡기는 식이다. 그런데 이런 방법은 더 큰 수익과 풍요를 가져다줄 수도 있지만, 다른 한편으로는 세계를 위기에 더욱 취약하게 만들기도 한다. 우리는 이를 최근 코로나19 사태를 통해서도 경험했는데, 사실 늦어도 2010년 아이슬란드의 에이야퍄들라이외퀴들Eyjafjallajökull 화산이 폭발하면서 유럽의 항공 교통이 완전히 마비되었을 때 글로벌 공급망이 위기에 무너지기 쉽고, 그러면 경제는 큰 타격을 입게 된다는 것을 깨달았어야 했다. 하지만 당시 우리는 이 사건으로부터 아무런 교훈을 얻지 못했고, 이제 앞으로는 자연재해뿐만 아니라 극단적 기후변화도 공급망과 세계경제에 부정적인 영향을 미칠 것이다.

한편 선진국이 다른 나라에 생산을 맡기면서 각 나라의 온실가스 배출량에도 변화가 생겼다. 선진국의 온실가스 배출은 낮아지는 반면, 신흥국과 개발도상국의 온실가스 배출은 증가하는 것이다. 결국 온실가스 배출 총량은 같으니, 어디서 배출하는지는 별로 중요하지 않다고 단순하게 생각할 문제가 아니다. 신흥국과 개발도상국처럼 환경 기준이 낮은 국가에서 생산을 하면 보통 선진국에서 생산할 때보다 온실가스를 더 많이 배출한다. 예를 들어 독일에서는 2019년 사용한 에너지원 중

석탄이 차지하는 비중이 약 20퍼센트[2]에 불과했던 반면, 중국에서는 석탄의 비중이 약 60퍼센트나 됐다. 석탄은 화석연료 중에서도 에너지 단위당 이산화탄소 배출량이 가장 높은 에너지원이니, 독일에서 중국으로 공장을 이전하면 이산화탄소 배출이 늘어날 수밖에 없다. 그리고 생산 공장을 이전하면 물건을 다시 가져와야 하는데, 그 과정에서 장거리 운송이 늘어나는 것도 이산화탄소 배출량을 더욱 높인다.

이산화탄소와 같은 기체는 어디서 배출되든 지구 전체로 퍼져 기후를 계속 변화시키는데, 이것이 법적인 문제로 이어지기도 한다. 그런데 기후 문제의 책임 소재는 어떻게 따져야 할까? 자기 나라에서 발생한 기후 피해는 자기가 직접 처리해야 할까, 아니면 다른 나라와 분담해야 할까? 만약 분담한다면 또 어떤 식으로 분담해야 하는 걸까? 지구온난화는 앞으로 우리 사회에 어떤 영향을 미칠까? 안전한 식량 공급에는 어떤 영향을 미칠까? 우리의 소비생활에는 또 어떤 영향을 미칠까? 그리고 이런 모든 변화가 다시 이산화탄소 배출에 어떤 영향을 주게 될까? 기술 발전은 우리의 미래에 어떤 영향을 미칠까? 기술이 발전하면 온실가스 배출도 달라질까? 이런 것들은 확실하게 대답하기 어려우면서도 온실가스 배출과 직접적인 관계가 있기 때문에 앞으로 기후변화가 어떻게 이루어질지, 그리고 우리가 잘 살아갈 수 있을지를 결정하는 중요한 문제들이다.

그 외에 과거에 기후 연구 결과가 불확실했던 것도 영향을 미치는데, 이 때문에 일부 지역이 지구온난화의 영향을 경험하게 되었다는 것을 생각해 보면 간과할 수 없는 요소다. 이처럼 아직 해결되지 않은 문제가 많다. 그러니 우리가 기후 위기를 진지하게 생각해 보지 않고 가볍게 대한다면 이는 단순히 과학적인 측면을 넘어 우리 사회와 경제에도 무책임한 태도이다. 특히 기후 문제는 정말 복잡하기 때문에 더욱 각별히 주의할 필요가 있다. 우리가 아무리 기후에 대해 잘 모르고, 기후를 예측할 수 없다고 해도 지금처럼 살아도 된다는 것은 아니다. 기후 문제가 어렵다고 지금처럼 행동한다면 짙은 안개가 낀 고속도로를 전속력으로 질주하는 거나 다름없다. 도로에 안개가 자욱하면 우선 '속도를 줄이는' 것이 우선이다. 이를 기후 위기에 적용해 보면, 결국 우리가 지금 당장 해야 할 일은 '이산화탄소와 온실가스 배출을 줄이는' 것이다.

기후모델을 통한 초기 예측이 거의 정확했다는 것이 나중에 밝혀졌지만, 그럼에도 인류는 기후 문제나 지구온난화의 잠재적 위험도 별로 심각하지 않게 받아들이고 있다. 대기 중 온실가스가 지금처럼 계속 증가한다면 몇 년 안에 인류는 심각한 위험에 처할 게 뻔한데, 이 위험이라는 게 단순히 기후 문제만을 말하지는 않는다. 기후 위기는 살아갈 터전을 잃은 기후 난민이 발생하는 등 반드시 다른 여러 위기로 이어질 수밖에 없다. 이처럼 기후 문제로 인한 다른 문제들이 눈덩이 불어 나듯 연쇄적으로 이어질 것이기 때문에, 미래 시나리오를 만드는 것도 더욱 복잡해진다. 하지만 경제계나 정치계의 의사결정자를 비롯한 많은 사람들이 기후, 환경, 경제, 보건, 안보 등 우리 사회가 복잡하게 얽혀 있다는 것을 깨닫지 못하거나 눈앞의 성과나 이익에만 사로잡혀 이런 복잡한 상관관계를 무시해버린다.

만약 우리가 기후변화를 잘 통제하지 못한다면 세계경제가 엄청난 경기침체에 빠질 수 있다는 것은 이제 널리 알려진 사실이다.[3] 기후변화로 기상재해가 늘어나 도로나 수도, 전기 등 인프라가 파괴되고 물건이 공급되지 않는다면 경제도 당연히 큰 타격을 받게 되기 때문이다. 앞서 설명한 바와 같이, 독일은 2018년 폭염을 겪으며 이런 미래를 미리 맛보았다고 할 수 있다. 영국의 비영리 환경단체인 '탄소정보 공개 프로젝트The Carbon Disclosure Project'[4]가 세계 215개 기업을 대상으로 실시한 설문조사에 따르면, 대부분의 기업이 기후변화로 인해 발생할 수 있는 사업상의 위험을 약 1조 달러(약 1,169조 원)로 산출한다. 반면 경제를 기후 친화적인 방식으로 전환했을 때 얻을 수 있는 기회에 대해서는 약 2조 달러(약 2,338조 원)로 매우 클 것이라고 예상했다. 이렇게 보면 기후를 보호하기 위한 조치를 취했을 때 얻을 수 있는 기회가 아무것도 하지 않았을 때 발생하는 위험보다 훨씬 더 크다는 것을 기업도 잘 알고 있다. 기후 보호가 기업활동을 방해하는 것처럼 흔히 묘사되지만, 사실 기후를 보호하는 것은 특히 경제 분야에 엄청난 기회를 가져다준다. 그럼에도 현실은 많은 국가의 정치인들이 여전히 화석연료 없는 경제로 전환하기 위해 필요한 조건을 마련하는 것조차 주저하고 있는 상황이다.

지구온난화가 극단적 기상현상으로 이어지면서 많은 사람들이 고향을 떠날 수밖에 없어지면 세계 안보 상황도 악화될 것이다. 물론 지금으로서는 상상하기 어려울 수도 있겠지만, 앞으로 수십 년 안에 세계 여러 지역이 더 이상 사람이 살 수 없는 곳이 될 것이다. 예를 들어, 일부 내륙 열대 지역에서는 견딜 수 없을 만큼 심한 더위에 살인적인 습도가 더해져 사람이 살 수 없게 되고, 아열대 지역도 극심한 더위와 가뭄으로 거주가 불가능해질 것이다. 게다가 해수면이 상승해 많은 해안 지역에 범람하는 상황까지 고려하면, 기후변화란 결코 단순히 날씨가 변하는 것만이 아니다. 반면에 극단적 기상현상으로 고국을 떠날 수밖에 없는 기후 난민들을 환영할 국가는 많지 않을 테니 기후변화로 인한 대규모 이주 과정에서 격렬한 분쟁이 일어날 확률이 매우 높다는 것은 당연하다. 그리고 일단 분쟁이 벌어지면 인류는 더 큰 위험에 빠진다. 현재 아프리카에서 유럽으로 난민이 넘어오면서 발생하는 지중해 지역 위기를 보면 쉽게 이해할 수 있는데, 난민들이 지중해 부근에서 말 그대로 조난을 당하든, 리비아의 사실상 고문이나 다름없는 열악한 감옥 같은 수용소에서 고통스럽게 지내든 유럽은 눈 하나 깜짝하지 않고 국경을 봉쇄하고 있다. 유럽만 그럴까? 미국은 이미 일찍이 미국과 멕시코의 국경을 넘는 망명권을 사실상 폐지했다.

만일 우리가 지금처럼 지속가능성이나 기후 보호가 중요하다는 말만 하고 실천을 하지 않으면 정말 지구는 돌이킬 수 없이 변해버릴 것이다. 지구온난화 문제 하나만 보더라도, 지구의 기온이 단 몇 도만 올라가도 세계가 큰 혼란에 빠지기에는 충분하다. 지구온난화는 단순히 기후뿐만 아니라 세계의 경제나 안보 정책을 비롯해 보건이나 식량 공급에도 부정적인 영향을 미치기 때문이다. 우리가 지속가능성을 고려하지 않고 행동한다면 전 세계 바다에서는 남획이 자행되거나 플라스틱 쓰레기로 가득해지고, 열대 우림을 비롯한 숲에서도 삼림 벌채나 황폐화 같은 문제들이 발생한다. 지금 이대로라면 앞으로 수십 년 안에 이런 모든 문제가 더 심각해져 인류의 삶은 또다시 위험에 처할 것이다. 생물다양성 등 지속가능성을 유지하지 못함으로써 발생하는 영향 역시 파괴적일 수 있다. 앞으로 우리가 경험할 미래는 상상할 수 있는 차원을 벗어났다. 즉, 지구온난화뿐만 아니라 다른 요인들도 함께 생태계에 영향을 미쳐 지구 전체가 예상보다 빨리 무너질 수 있다는 것이다.

기후 문제는 굉장히 복잡해서 기후학자가 아닌 이상 기후가 지구에 미치는 영향이나 기후 연구를 어떻게 진행하는지 자세히 모를 수밖에 없다. 그러다 보니 학계에서는 기후 문제에 대해 한목소리를 내고 있는 반면, 우리 사회에서는 기후변화에 대해 제각각 자기주장만 내세움으로써 온갖 의견이 분분해 거의 일치를 보지 못하는 수준이다. 기후운동가 그레타 툰베리나 '미래를 위한 금요일' 운동을 둘러싼 반응을 통해 알 수 있었던 것처럼, 기후 문제는 사회를 분열시킬 수 있다. 그런데 사회가 분열되면 우리의 미래와 지속가능성에 대해 하나 된 마음으로 행동하기가 어려워진다. 독일 사람들은 대부분 더 강력한 기후 보호 조치에 찬성하지만, 그럼에도 기후 문제가 별 것 아니라고 아직 시간이 많이 남았다고 잘못된 생각을 하는 사람들도 분명 있다. 이런 생각을 가진 사람들이 실제로는 설문조사 결과보다 훨씬 더 많다고 확신한다. 이 말은 결국 기후 보호를 위해 적극적으로 먼저 나서서 행동하려는 사람은 거의 없다는 의미이기도 하다.

이런 사람들은 아마 무의식적으로 기후 연구의 결과를 믿고 싶지 않은 것 같다. 물론 인간이 기후에 어떤 식으로 영향을 미치는지 파악하는 일은 매우 복잡해서 제대로 된 정보를 접하기가 어려운 게 사실이다. 그래서 그런지는 몰라도 '기후 연구는 누구나 할 수 있는 것'이라고 생각해 기후변화 회의론자들의 근거 없는 주장을 믿어버리거나, 자기도 기후에 대해 무언가 의견을 내볼 만하다고 생각하는 것 같다. 이들은 '기상이변은 사실 나쁘다기보다는 지구 역사에 항상 있던 일'이라고 주장하는데, 이렇게 기후변화 자체를 인정하지 않는 사람들이 실제로 정말 많다는 사실이 우려된다.

그 밖에도 보통 사람들은 기상예보를 잘 믿지 않는데, 이런 기상예보의 '오명'이 기후 연구에도 이어지면서 잘못된 믿음을 강화하기도 한다. 사실 기상예보는 보통 생각하는 것보다 꽤 정확하다. 내일이나 모레 날씨는 거의 정확하고, 일주일 후의 날씨도 그럭저럭 정확하게 예측한다는 것이 통계로도 입증되었지만, 그럼에도 사람들은 기상예보가 항상 틀린다는 말을 자주 한다. 이해하기는 어렵지만, 기상예보가 정확하다는 것이 분명히 수치로 증명되었는데도 이런 현실을 무시하는 것이다. 기상예보는 컴퓨터를 활용해 이루어지는데 이것이 꽤 성공을 거두면서 컴퓨터 모델을 활용한 연구의 신뢰도를 높여주기까지 한다. 컴퓨터를 활용한 기상예보는 기상조건을 컴퓨터 모델로 만들어 대기 구성 성분을 실제 변화에 맞춰 조금씩 바꿔가며 이루어지는데, 매일 기상모델을 검토하고 실제 결과와 대조하는 과정을 거치면서 수년간 꾸준히 발전해 지금의 수준까지 이른 것이다.

인류는 결국 기술적인 해결책을 찾아 지구온난화를 막을 것이므로 우리의 생활을 바꿀 필요가 없다는 사람도 있다. '인류는 결국 방법을 찾을 것이다'라고 생각하는 것인데, 사실 우리는 원자력이 처음 도입될 때도 이렇게 생각했었다. 하지만 그 결과는 어땠을까? 우리는 오늘날까지도 방사성 폐기물을 처리할 '방법을 찾지 못하고' 있다. 이런 기술적인 해결책을 이야기할 때, 지구가 얼마나 복잡한 체계인지 과소평가하는 경향이 있다. 특히 우리가 어떤 행동을 취했을 때 지구가 보이는 반응은 굉장히 복잡해 예측 자체가 완전히 불가능하다. 심지어 지금까지 제안된 기술적 조치 중에는 그냥 아무것도 하지 않고 가만히 있는 것보다 오히려 더 큰 피해를 일으키는 것도 있다. 예를 들어, 성층권에 이산화황을 살포해 지구온난화를 완화해 보자는 제안이 있었다. 이산화황이 대기 중에 황산 방울로 이루어진 일종의 막을 만들어 지구로 들어오는 태양 광선을 다시 반사한다는 아이디어로, 화산이 크게 폭발했을 때 발생하는 현상을 모방한 것이다. 이런 생각은 결국 화석연료를 계속 사용하기 위한 아이디어인데, 얼핏 들으면 괜찮은 것 아닌가 싶을 수 있다.

하지만 실제로 대기 중에 이산화황을 살포하면 성층권에 위치한 오존층이 심각하게 손상되는데, 오존층이 생명체에게 매우 중요하기도 하지만, 오존층에는 특히 몇 년 전에 인류가 염화불화탄소CFC, 즉 프레온가스를 배출하면서 나온 염소가 많이 포함되어 있다는 점이 문제다. 따라서 이산화황을 살포해 오존층이 손상되기라도 한다면 위험한 자외선이 지표면에 곧바로 내리쬐는 그야말로 최악의 상황이 연출될 것이다.

대기 중에 이산화황을 살포한다고 해도 바다의 산성화는 막을 수 없다는 점도 고려해야 한다. 바다는 현재 인류가 방출하는 이산화탄소의 약 4분의 1을 흡수하는 매우 중요한 곳인데, 이 과정에서 이산화탄소가 바닷물과 반응해 탄산이 생성되고 바다가 산성화되어 해양생물과 인류의 삶을 장기적으로 위협한다. 또한 이산화황을 살포하다가 중단하면 결국 대기 중에 사라지지 않고 남아있는 이산화탄소로 인해 지구온난화가 다시 시작될 수 있다. 결국 이산화황을 한번 살포하기 시작하면 수천 년 동안 계속해야 한다는 것인데, 그저 현상 유지를 위해 미래 세대에게 이런 부담을 넘겨줘도 되는지 먼저 생각해볼 필요가 있지 않을까?

원인과 결과 사이의 거리

기후 문제의 원인이 곧바로 결과로 나타나지 않는다는 것, 그리고 이산화탄소와 같은 기후 문제의 원인이 우리 눈에 보이지 않는다는 것도 우리가 기후 위기에 바로 대응하지 않게 되는 이유이다. 결국 기후 문제는 어느 정도 추상적인 것이 되어버리고, 우리 삶에 직접적으로 영향을 미치지 않는 한 단순히 과학적인 사실을 아는 것만으로는 사람들의 행동을 바꿀 수 없는 것 같다. 문제의 심각성을 직접 체감하지 못한다면 해결에 소홀할 수밖에 없는 법이다.

흡연자 중에서도 이런 모습을 보이는 사람들이 있다. 예를 들어 흡연이 건강에 해롭지 않다거나 혹은 치명적으로 해롭지는 않다고 스스로를 위안하는 것이다. 물론 흡연을 한다고 반드시 일찍 죽거나 병에 걸리는 것은 아니지만, 흡연자의 조기 사망률이 비흡연자에 비해 몇 배나 더 높은 것은 분명한 사실이다. 흡연은 기후 문제와 놀라울 정도로 비슷한 점이 더 있다. 담배를 몇 년 피운다고 해서 반드시 병에 걸리는 것은 아니며 흡연으로 인한 건강상 문제는 대체로 수십 년이 지나서야 나타나는데, 병에 걸렸다는 것을 알고 난 후에는 이미 치료하기에 너무 늦은 때가 많다. 심지어 병에 걸렸다는 것을 알면서도 담배를 계속 피우는 사람들도 많다. 인류가 기후 위기에 대처하는 태도도 딱 이런 모습이다.

이처럼 온실가스를 배출한다고 해서 그 영향이 바로 나타나는 것이 아니라 어느 정도 시간이 지난 후에 비로소 제대로 드러나기 때문에 선진국에서는 지금까지 조치를 취해야 한다는 필요성을 느끼지 못했다. 그러면 지금까지의 행동이 지금 당장 심각한 결과로 이어지는 것도 아니고 앞으로 수십 년에서 수백 년은 지나야 그 결과가 보인다면, 왜 지금 행동해야 하는 걸까? 앞서 예시로 든 흡연을 비롯해 지금 고혈압이나 고지혈증이라고 해서 바로 심장마비나 뇌졸중이 되지는 않는 것처럼, 대기 중 이산화탄소 농도가 증가해도 지구가 바로 병이 나지는 않는다. 이처럼 사람들은 당장 발등에 떨어진 불이 아니면 나중에 문제가 된다는 것을 머리로는 잘 알고 있어도 실제 행동에 옮기는 건 주저하는 경향이 있다. 굳이 미리 나서서 행동하지 않는 것이다. '사서 고생한다'는 말은 인류가 기후 위기를 대하는 방식에도 딱 들어맞는다. 전 세계 대부분의 사람들은 생활하는 데 이렇다 할 불편함이 없고, 기후 위기의 영향을 아직 겪어보지 않았다. 하지만 이런 '고생'이 현실이 되는 때가 오면 그 문제를 해결하기가 아주 어렵거나 혹은 심지어 아예 불가능할 수도 있다. 그제야 행동한다고 해도 기후를 원래대로 되돌리기까지 몇백 년이 걸릴지 모르는 일이다. 인류는 지난 수십 년간 말 그대로 전속력으로 달려왔다. 당연히 지금 기후가 변화하는 속도도 그만큼 빠를 수밖에 없고, 해수면 상승의 영향까지 받게 되면 다음 세대는 분명히 우리 세대가 일으킨 지구온난화로 고통을 겪게 될 것이다.

한편 기후 체계에는 현재 추세를 유지하려는 관성이 있으므로 앞으로 지구 온도가 올라가는 것을 막는 건 불가능하다는 주장도 있는데, 이는 기후를 잘못 알고 있는 것이다. 아무리 지금 이산화탄소 배출량이 계속 증가하고 있다고 해도, 우리가 당장 이산화탄소 배출을 완전히 멈춘다면 바다가 대기 중 이산화탄소를 흡수하기 시작해 지구 온도는 빠르게 안정화되고 심지어 약간 낮아질 것이다. 물론 바다가 이산화탄소를 흡수하는 과정은 매우 천천히 이루어지기 때문에 아무리 이산화탄소 배출을 멈춘다 해도 대기 중 이산화탄소 농도와 지구의 기온은 오랫동안 이미 높아진 상태를 유지할 것이다. 이때 우리 사회와 경제의 관성도 역시 우리의 미래에 결정적인 역할을 한다는 것을 고려해야 한다. 바다가 아무리 이산화탄소를 흡수한다 해도 경제나 산업에서 이전에 해오던 식으로 이산화탄소를 계속 배출한다면 기온이 계속 높아질 수밖에 없다는 것이다. 따라서 미래의 지구 기온을 결정짓는 것은 결국 과거에 이산화탄소를 얼마나 배출했는지가 아니라 앞으로 얼마나 배출하는지가 관건이다. 그러면 앞으로 이산화탄소 배출량을 최소한으로 줄인다면 파리기후협정의 목표대로 지구의 기온 상승을 억제할 수 있을 것 같다는 생각이 들 것이다. 하지만 실제로 우리가 파리기후협정의 약속대로 기온 상승을 1.5도로 제한하려면 앞으로 몇 년 안에 전 세계 이산화탄소 배출량을 반드시 제로로 만들어야 하니, 현실적으로는 단순한 희망 사항일 뿐이다.

이제 해수면 상승에 대해 얘기해 보자. 지표면의 온도가 아무리 높아진다고 해도, 바다는 엄청나게 넓기 때문에 바다에서까지 지구온난화의 영향을 느끼기에는 시간이 걸린다. 즉, 기온이 올라가 바닷물의 부피가 팽창하는 해수의 열팽창 현상도 아주 느리게 진행된다. 특히 그린란드와 남극의 대륙 빙하는 바다보다 지구온난화에 더 느리게 반응하는데, 즉 우리가 파리기후협정에 따라 온실가스 배출을 줄이다가 2030년에는 아예 배출하지 않는다고 해도 이 두 지역의 해수면은 그 후로도 몇백 년 동안 계속 높아진다는 말이다.[5] 우리가 지금처럼 온실가스를 배출한다면 전 세계 해수면은 2100년까지는 약 0.5미터, 그리고 2300년까지는 약 1미터 높아진다. 만약 인류가 2016년부터 온실가스를 배출하지 않았다면 2300년까지 해수면 상승은 약 80센티미터에 그칠 것이다. 만약 1990년대 초반부터 온실가스 배출을 멈췄다고 해도, 2300년까지 해수면이 60센티미터는 높아지게 될 것이다. 결국 우리가 무슨 수를 쓴다 해도 해수면은 높아질 수밖에 없고, 해수면이 다시 새로운 균형을 찾을 때까지는 수천 년이 걸릴 것이다.

우리가 지금 바로 강력한 기후 보호 조치를 실천한다면, 적어도 기후에 장기적으로 영향을 미치는 것은 어느 정도 막을 수 있다. 물론 이 역시 완전히 장담할 수는 없다. 과학자들은 지구온난화가 티핑 포인트, 즉 어떤 한계를 넘어선다면 돌이킬 수 없다고 생각한다.[6] 티핑 포인트를 넘어선다면 그 이후의 몇 가지 변화가 연쇄적인 효과를 일으켜, 결과적으로 지구온난화가 급격히 가속화된다는 것이다. 티핑 포인트를 고려해 보면, 그동안 온실가스를 배출하면 나중에 기후변화가 일어난다고 단순하게 생각했을 때와는 전혀 다른 결과가 예측된다. 알기 쉽게 예를 들면, 약한 바람이 불어와 탁구공이 점점 테이블 가장자리로 굴러가는 모습을 상상해 보자. 그러다 공이 한 번 바닥으로 떨어지면, 테이블 위로는 다시 올라올 수 없다. 기후변화가 티핑 포인트를 넘어섰을 때 '돌이킬 수 없다'는 것은 바로 이런 것이다.

기후에는 티핑 포인트가 될 수 있는 여러 가지 잠재적 '티핑 요소'가 있는데, 이 책에서 그 내용을 전부 다루지는 않겠다. 하지만 분명히 짚고 넘어갈 것은, 지금 지구온난화는 일부 티핑 요소를 이미 넘어섰거나 혹은 기온이 소수점 한 자리 정도만 높아져도 곧바로 넘어설 정도로 상당히 진행되었다는 것이다. 특히 우려스러운 것은 극지방의 상황이다. 일부 연구에서 이미 이 지역이 티핑 포인트에 도달했거나 향후 몇 년 안에 도달할 거라는 징후가 확인되었는데, 예를 들어 그린란드와 서남극 지역의 대륙 빙하가 지금 붕괴 직전이거나[7], 혹은 반드시 엄청난 붕괴로 이어질 티핑 포인트를 넘어섰을 수도 있다는 것 등이다. 만약 그린란드가 완전히 바닷속으로 잠기면, 해수면은 전 세계 평균 약 7미터는 높아질 것이다. 그리고 서남극의 대륙 빙하가 완전히 녹아 사라지면 해수면은 약 6미터 높아진다. 이 두 지역에서는 최근 몇 년간 빙하의 질량이 상상도 못 할 정도로 엄청나게 줄어들었다. 또한 최근 동남극에 위치한 월크스 분지의 빙하 중 일부도 마찬가지로 불안정한 상태일 수 있다는 측정 결과가 나왔는데, 만약 이곳 빙하가 녹아내리면 해수면은 전 세계 평균 3~4미터는 더 높아질 수 있다.[8]

그린란드와 서남극, 그리고 동남극 일부 지역의 대륙 빙하가 완전히 사라지면 해수면은 총 10미터 넘게 높아진다. 물론 해수면이 그 정도로 높아지는 것은 매우 오래 걸리는 일이고, 티핑 포인트를 얼마나 초과했는지에 따라 그 속도가 달라진다. 게다가 지구온난화가 심화될수록 빙하가 바닷속으로 가라앉는 속도도 당연히 빨라진다. 그러니 우리가 지금 철저한 기후 보호 조치를 취하지 않는다면 해안 전체가 가라앉는 건 시간문제다. 또한 우리가 오늘 내린 결정이 수십 년에서 수백 년 뒤의 미래를 결정한다는 것을 생각하면 지구온난화를 멈추려는 노력은 세대 간 정의의 문제이기도 하다. 결국 지구의 운명이 걸린 막중한 책임을 안고 있는 입장에서 나중 일은 어찌 되건 상관없다는 듯이 행동하는 것은 매우 무책임한 태도이다.

기후변화의 원인과 결과에는 시간적 차이만 있는 것이 아니라 공간적 차이도 있다. 무슨 말이냐 하면, 꼭 온실가스를 많이 배출하는 지역에서 기후변화의 영향을 크게 겪는 것은 아니라는 말이다. 이해하기 쉽도록 다시 극지방의 예를 들면, 일찍이 산업화를 이룬 선진국은 산업화 초기부터 온실가스를 배출한 지구온난화의 주범임에도 불구하고 대부분 그 영향을 가장 크게 받지는 않는다. 지구온난화의 영향은 지역별로 그 차이가 크다. 예를 들어, 지구온난화의 영향을 가장 크게 받는 북극의 기온 상승 속도는 전 세계 평균치보다 두 배는 더 빠르다. 북극은 기온 상승으로 인해 여러 가지 영향을 받는데, 이런 영향 중에는 해안 침식도 있다. 북극의 일부 지역에서는 매년 육지 20미터 이상이 바다에 침식되는데[9], 그로 인해 이 지역 사람들이 삶의 터전을 버리고 떠나는 일도 점점 잦아지는 것이다.

그 밖에 지역별로 해수면 상승 폭이 큰 차이를 보이는 것도 기후변화의 원인과 결과가 다르게 나타난다는 것을 입증한다.

열대 서태평양과 인도양 동부 지역은 해수면 상승 속도가 특히 빠른데, 1993년에 위성 측정이 시작된 이래 이 두 지역에서 해수면이 높아지는 속도는 똑같이 산호초가 많이 서식하고 저지대 섬이 있는 전 세계 다른 모든 바다보다 약 두 배는 더 빨랐다. 이 지역도 북극과 마찬가지로 온실가스를 거의 배출하지 않아 지구온난화에 대한 책임이 거의 없지만, 해수면이 상승하면서 이곳에 거주하는 많은 사람들이 생존을 위협받고 있다. 물론 이 지역의 해수면 상승 속도가 빠른 이유가 정말 온실가스 증가 때문인지는 알 수 없다. 다만 열대 태평양 상공에서 무역풍이 강해지기 때문에 지역별로 해수면이 상승하는 정도가 달라진다는 것만은 분명하다. 해수면 상승은 10년 주기로 이루어지는 자연적인 변화일 수 있고, 혹은 지구온난화의 결과일 수도 있다. 다만, 실제로 그곳에 사는 사람들에게 그 이유가 무엇인지는 별로 중요하지 않다. 지금까지 인류는 자연적인 기후변화에는 비교적 잘 대처해 왔다. 하지만 문제는 지구온난화로 인해 해수면이 계속 높아지면, 자연적인 변화의 시작점도 과거보다 훨씬 높은 수준에서 시작하기 때문에 그 결과가 더 처참할 수 있다는 점이다.

지구온난화가 지금처럼 계속된다면 극지방과 열대 지방 사이에서는 또 다른 치명적인 문제가 발생한다. 즉, 그린란드와 남극 대륙 빙하의 대부분이 바닷속에 가라앉는다면 단순히 해수면이 몇 미터 높아지는 것으로 끝나지는 않는다는 것이다. 현재 바닷물은 달의 중력으로 조석(潮汐)이 일어나는 것처럼 그린란드와 남극의 대륙 빙하가 가진 중력에 이끌려 당겨진다. 그런데 빙하의 질량이 줄어들면 빙하가 가진 중력도 함께 줄게 되므로[10] 바닷물은 극지방 바다를 떠나 중위도와 열대 해양으로 흘러들어 간다. 그러면 결과적으로 위도가 낮은 지역은 단순히 빙하가 녹은 물이 전 세계 해양에 고르게 분포되는 양보다 해수면이 훨씬 더 높아진다. 결국 극지방에서는 세계 평균보다 해수면이 적게 높아지는 반면, 열대 지방에서는 세계 평균치보다 해수면이 더 많이 높아지게 된다. 이는 한 지역에서 발생한 지구온난화가 어떻게 멀리 떨어진 다른 지역에 심각한 영향을 미치는지를 잘 보여주는 사례다. 결국 이런 식으로 하나의 원인이 멀리 떨어진 다른 지역에서 큰 결과로 나타나게 되는 것이다.

이처럼 기후변화의 원인과 결과가 같은 시간, 같은 공간에서 나타나지 않는다는 것은 기후 문제가 복잡하다는 것과 더불어 우리가 기후 위기에 제대로 대응하지 못하는 이유 중 하나이다. 특히 선진국, 그중에서도 중국에 이어 온실가스를 전세계에서 둘째로 많이 배출하는 미국의 정치계와 경제계뿐 아니라 많은 미국인들도 기후변화가 우리의 생존이 달린 문제라는 사실을 잘 모르고 있는 것 같다. 미국에서는 아직도 기후 문제가 주요 사안이 아니고, 대대적인 기후 보호 조치를 추진하는 것도 사실상 불가능하다. 이는 기후 보호에 매우 수용적 입장이던 버락 오바마 전 대통령도 인정한 사실이다. 지금 미국을 비롯한 선진국이 아직 별 고통을 겪지 않고 있는 이유는, 우리가 저지른 죄의 형벌이 바로 주어지지 않는다는 것 때문일 뿐이다.

기후변화 회의론자들의 수법

기후변화 회의론자들도 기후 보호가 제대로 이루어지지 못하게 하는 또 다른 요인이다. 사실 학자들이란 원래 회의적인 족속들로, 무언가를 의심하지 않으면 연구 자체가 불가능하다. 하지만 '기후변화 회의론자'나 '기후변화 거부자'라는 말은 인간이 기후변화의 원인이라는 사실을 부정하거나 우리의 행동과 기후변화 사이에 관련이 없다고 주장하는 이들을 지칭하는 표현이다. 이들의 주장에는 설득력이 없고, 이들이 부정하고 있는 것도 자연과학에서는 정말 기초적인 사실이다. 그럼에도 불구하고 이들은 많은 나라에서 꽤 많은 지지자를 얻었는데, 그중 가장 대표적인 사례는 단연 미국이다.

그렇다면 기후변화 회의론자들은 어떻게 이런 말도 안 되는 주장을 펴는 데 성공할 수 있었을까? 이들의 주장은 언뜻 보기에는 그럴듯해 보여도 사실은 쉽게 반박할 수 있는 것들이다. 앞서 온실효과를 설명하면서 이들이 내세우는 논리가 전혀 근거 없는 잘못된 것임을 지적했다. 그런데 사실 이들의 논리 문제가 아니라 우리 사회가 변했다는 것도 이런 사람들이 늘어나는 데 한몫을 했다. 개인적으로는 사회의 변화 중에서도 특히 두 가지가 결정적이었다고 보는데, 첫째는 세계가 급변하면서 자연스럽게 많은 이들이 미래를 두려워하게 된 것이고, 둘째는 디지털화에 따른 미디어 환경이 근본적으로 변한 것이다. 즉, 인터넷과 소셜 네트워크의 중요성이 커지면서 이익단체나 음모론자들이 이를 이용한다는 것인데, 이 두 가지에 대해서는 뒤에서 좀 더 자세히 설명하겠다.

이처럼 기후변화란 사실은 존재하지 않으며, 심지어 기후연구도 아무 소용없는 탁상공론에 불과하다고 떠들어대는 기후변화 회의론자들 때문에 많은 사람들이 불안해한다. 이들은 근거도 논리도 없이 매번 똑같은 질문을 던진다. 즉 '지구온난화는 정말 인간이 일으킨 것일까, 아니면 자연적인 기후변동일까?'라는 질문이다. 그러고는 지구온난화는 자연적인 현상일 뿐이라고 열을 올리며 밀어붙인다. 당연히 과학적 근거가 전혀 없는 말이다. 개인적으로 이제는 이런 주장이 지긋지긋해, 인간이 기후변화에 대체 어떤 영향을 미치는 거냐고 묻는 기후변화 회의론자들의 질문에 메일로 답을 하거나 그들과 함께 텔레비전이나 라디오 프로그램에 출연하고, 신문이나 잡지 등의 매체에서 서면으로 토론하자는 요청 따위는 아예 거부하고 있다. 기후과학을 이해조차 못하는 사람들을 위해 멍석을 깔아줄 이유가 없는 것이다. 이런 사람들과는 토론 자체가 무의미하다. 입만 열면 억지 주장을 펴고, 질문을 하면 엉뚱한 말로 화제를 돌리거나 그 질문과는 무관한 상식적인 얘기나 늘어놓으며 질문을 회피하는 게 고작이다. 얼마 전, 영국 BBC 방송도 그동안 기후변화 회의론자들의 주장을 너무 비중 있게 다룬 것을 인정하면서 앞으로는 모든 의견을 균형적으로 보도하겠다고, 굳이 이런 사람들과 인터뷰를 하는 것은 지양해야 한다는 자체적인 보도 지침을 만들기도 했다.[11] 반면 미국 전 대통령이자 대표적인 기후변화 거부자인 도널드 트럼프의 대변인이나 다름없는 미국의 폭스 뉴스는 기후변화 회의론자들의 목소리를 다른 방송사에 비해 좀 심하다 싶을 정도로 훨씬 더 많이 전달한다.

앞서 이미 여러 번 언급했지만 너무도 중요한 사실이기 때문에 다시 한 번 강조하자면, 지구온난화의 원인이 무엇인지에 대해서는 기후학에서 이미 오래전에 답을 내놓았다. IPCC[12]는 제5차 보고서에서 20세기 중반 이후에 나타난 지구온난화의 주요 원인은 인간의 활동이라는 것을 분명히 강조했다.[13] 이처럼 세계를 선도하는 과학자들이 이렇게 한목소리로 분명한 메시지를 전달하고 있다. 하지만 지금도 여전히 기후변화가 인간의 활동 때문이라는 것에 대해 기후학자들 사이에서도 의견이 분분하다고 생각하는 사람이 정말 많다는 것을 고려하면, 아무래도 학자들의 목소리가 대중에게까지 전달되지는 못하는 것 같다. 많은 사람들이 기후변화를 과학적으로 진지하게 연구하는 전문가와 잘 알지도 못하면서 아무 말이나 하는 사람들을 제대로 구분하지 못하는 것이다. 기후변화 회의론자들의 말을 마치 전문가의 말처럼 경청하는 사람이 많은 이 현실이 우려스럽다.

기후변화에 자연적인 요인이 있는 것은 사실이다. 하지만 문제는 이런 단기적이고 자연적인 변화가 장기적인 지구온난화에 더해 발생한다는 것이다. 기후가 자연적으로 변하는 것은 놀랄 일은 아니다. 기후라는 것이 애초에 매우 복잡하기도 할 뿐더러 지구에 도달하는 태양복사처럼 외부적 요인도 있기 때문에 기후는 어쨌든 어느 정도는 계속 변화하기 마련이다. 그런데 기후변화 회의론자들은 자연적인 기후변화를 내세워 인간이 기후에 영향을 미친다는 사실을 지워버리려고 한다. 예를 들어, 빙하기와 온난기가 수천 년에 걸쳐 이루어졌다는 것을 알고 있으면서도 그 사실을 인정하는 순간 자기들의 논리가 무너질 것이 뻔하기 때문에 일부러 이런 사실은 언급하지 않고 과거에도 기온이 크게 변한 적이 있다는 것만 이야기하는 식이다.

이와 관련해 사실을 이야기하자면, 현재 지구 온도가 증가하는 속도는 마지막 빙하기에서 지금의 온난기로 넘어오던 시기보다 스무 배는 더 빠르다. 기후변화 회의론자들은 지구의 까마득히 오랜 옛날 역사에서 근거를 찾아 자신들의 주장에 신빙성을 더하려고 하지만, 이들의 소망과 달리 오늘날 대기 중 이산화탄소의 농도는 지난 300년간 가장 높다.[14] 물론 옛날에도 대기 중 이산화탄소 농도가 평소보다 높은 때는 있었지만, 문제는 속도다. 지금 대기 중 이산화탄소가 증가하는 속도는 지난 수억 년간 유례없던 수준으로 빠르다. 과거에 이산화탄소 농도가 자연적으로 높아지던 시기에도 그 과정은 매우 오랜 기간에 걸쳐 서서히 이루어졌고, 심지어는 지금으로부터 약 5,600만 년 전 자연적인 지구온난화가 매우 빠르게 진행되던 팔레오세-에오세 극열기PETM조차 지금에 비하면 진행 속도가 훨씬 느렸다. 이 극열기가 발생한 시기는 오늘날보다 대기 중의 이산화탄소 농도나 지구의 기온이 훨씬 더 높았다. 이 팔레오세-에오세 극열기는 약 20만 년간 이어졌는데, 이 기간에 엄청난 양의 탄소가 대기 중에 방출되면서 지구 온도가 약 6~8도 상승했다. 그런데 온도가 이렇게 높아졌음에도 당시 이산화탄소 증가율은 오늘날의 10분의 1에도 채 못 미친다.[15] 기후변화 회의론자들은 이 극열기가 증거라면서 기후란 원래 자연적으로 변하는 것이라고 거짓 주장을 펼치고 있지만, 사실 지구의 역사 속에서 우리가 지금 경험하는 기후변화 같은 일은 단 한 번도 없었다.

기후모델에 기본적인 몇 가지 설정값만 부여해 단순화한 다음 시뮬레이션을 해보면, 지난 300만 년 동안 지구 온도가 산업화 이전 시기와 비교해 2도 이상 높았던 적이 없었다는 결과가 나온다.[16] 동시에 지금 당장 전 세계 온실가스 배출량이 급격히 감소하지 않는다면 앞으로 50년 안에 지구의 평균 기온이 산업화 이전보다 2도 더 높아질 수 있다는 무시무시한 결과가 도출된다. 앞서 제시했던 [그림 1]을 다시 살펴보면, 20세기 초 이후에 지구 온도가 높아진 것은 이산화탄소가 많아졌기 때문이라고 추정된다.

사실, 인간이 기후에 영향을 미친다는 증거는 엄청나게 많고 또 확실하다. 그럼에도 불구하고 특히 인터넷이나 소셜 미디어에서는 기후에 관한 논쟁이 마치 전쟁처럼 치열하다. 어떤 사람들은 기후학자 중에서도 인간이 기후에 영향을 미치지 않는다는 의견을 가진 이들도 있으며, 이런 의견도 진지하게 고려할 필요가 있다고 주장한다. 그런데 이런 기후학자가 세상 어디에 있는가? 적어도 나는 한 번도 본 적이 없다. 그리고 이런 사람이 만약 정말 있다고 해도, 아마 전문가의 심사를 거쳐 발표되는 정식 학술 저널에 제대로 된 연구 결과를 발표한 적이 없는 사람일 것이다. 이런 연구 결과를 내놓는다면 다른 학자들이 비판을 퍼부을 것은 불 보듯 뻔하기 때문이다. 학계는 놀이터가 아니다. 자기 생각을 펼치고 싶다면 국제 학계에 확실한 연구 결과를 제시해야 하고, 연구 결과가 없는 주장은 학술적으로 의미가 없는 개인의 의견일 뿐이다. 학술 저널에는 단순한 추측이 실릴 자리가 없다. 학술 저널에 연구 결과가 발표되기 전에는 같은 분야를 연구하는 다른 학자들이 그 논문을 검토하는 '동료 검토' 과정을 거치는데, 이런 과정이 수십 년간 학계에서 매우 잘 이루어지고 있다. 그래서 이 과정을 통과할 수 없는 기후변화 회의론자들은 주로 피해자 코스프레를 한다. 기득권을 쥔 주류 학계가 자신들이 진지하게 연구한 결과를 발표하지 못하게 막는다는 것이다. 40년간 학계에 몸담은 입장에서 한 마디 하자면, 기후변화 회의론자들이 쓴 논문에 학술적 가치가 조금이라도 있었다면 많은 학자들이 이를 기꺼이 받아들이고, 학술 저널에도 실렸을 것이다.

유명인들이 틀린 주장을 하는 경우 사람들에게 더욱 부정적인 영향을 미친다. 일반 대중은 이들의 주장에 그럴만한 근거가 있으니까 언론에서도 다루는 게 아닌가 생각하기 때문이다. 그중에서도 기후변화는 특히 잘못된 정보가 널리 퍼진 분야이다 보니, 일반인들이 알고 있는 내용도 천차만별이다. 그러니 쏟아지는 정보 속에서 무엇을 신뢰해야 할지, 단순히 불안하고 혼란한 마음에서 나온 주장은 아닌지, 혹은 어떤 집단이 의도적으로 퍼뜨린 허위 정보인지 판단하기가 정말 어려워진다. 특히 요즘에는 인터넷과 소셜 네트워크가 이런 허위 정보를 무서울 정도로 빠르게 확산시키는데, 사실 이런 새로운 미디어에서 의견이 형성되는 방식에는 문제가 매우 많다. 구조적으로 어떤 사안에 대해 잘 알든 모르든 누구나 그럴듯하게 자기 의견을 말할 수 있다는 게 문제다. 이런 환경에서 공개적으로 논의가 이루어지면 '팩트'가 가진 의미가 사라지고, 그럴싸하게 포장하는 사람의 논리가 이기는 경우가 많다. 심지어 이런 자칭 전문가들 때문에 학문 자체에 대한 신뢰가 사라질 위험까지 있다.

그 결과 안타깝고 어이없게도 기후 연구가 부정적인 이미지를 얻는 경우도 있다. 이와 같이 사실을 가리고 일부러 거짓 정보를 확산시키는 게 용이해지면 대대적인 기후 보호 조치를 실천하기 위해 필요한 사회적인 수용이 만들어지지 않을 수 있다. 하지만 민주주의 사회의 정치적 결정이 과학적 사실에 근거하지 않는다면 과연 어디에 기반을 두어야 하는 걸까?

일반 대중이 단순히 과학적 연구 결과를 아는 것을 넘어 그 사실에 대해 충분히 확신하는 것도 중요하다. 그런데 바로 이 점이 문제다. 독일에서는 기후변화라는 사실을 비롯해 기후 분야의 주요 연구 결과가 비교적 잘 알려져 있는 편인데도 과학의 다른 분야와 달리 유독 기후변화에 관해서만 신뢰도가 별로 높지 않다.[17] 하지만 기후 문제는 대중 담론이나 미디어에서도 정확한 정보와 잘못된 정보가 공존하는 경우가 많기 때문에 과학적 사실에 대한 신뢰도가 특히 더 중요하다는 것이 문제다.

한편 과학적인 사실이 신뢰를 얻지 못하는 사례는 기후뿐만 아니라 의학 분야에서도 찾아볼 수 있는데, 홍역 등 심각한 질병을 막기 위해 아이들에게 예방접종을 거부하는 사람이 점점 늘어난다는 것이다. 특히 홍역은 전염병 중에서도 가장 전염성이 강한 질환 중 하나로, 합병증이나 2차 질환으로 이어지는 경우도 잦으며 최악의 경우 심각한 뇌염으로 이어져 사망에 이를 수도 있는 위험한 질병이다. 당연히 접종이 필수인데도 접종을 거부하는 사람이 많아 독일 정부도 이에 대응하기 위해 의무 접종 등 법적 대책을 마련하는 상황이다.[18]

기후변화 회의론자들 사이에서도 지구온난화가 실제로 존재하는 현상이라는 것 자체는 대체로 인정하고 있지만, 일부 광신적인 이들은 지구 온도를 제대로 측정한 게 맞느냐면서 지구온난화가 확실하게 증명되지 않은 현상이라고 주장한다. 이들은 지구의 산업화 이후 평균 기온을 계산하기 위한 데이터가 충분하지 않다고 주장하는데, 물론 100년 전이나 그보다 더 이전에는 위성 측정이 이루어지는 지금보다 당연히 측정 결과가 풍부하지 않았다. 하지만 기상현상의 속성을 연구하거나 통계적인 방법을 활용하면 꼭 위성 측정이 아닌 일반 측정을 통해서도 평균 기온이 어떻게 변화해 왔는지 충분히 정확하게 재구성할 수 있다. 사실 자연적으로 기온이 변화하는 경우에도 변화는 넓은 지역에 걸쳐 일어나기 때문에, 몇몇 지역의 기온만 측정해 봐도 지구의 평균 기온이 어떻게 변화했는지를 충분히 알아낼 수 있다. 가령 북대서양에 강한 겨울 서풍이 불면 북유럽과 중유럽 일부 지역을 비롯해 동유럽과 시베리아까지 온화한 날씨가 나타난다. 반대로 북대서양 상공에서 동풍이 강하게 불면 이 지역의 날씨는 평상시보다 추워진다. 따라서 독일 북부 지역의 날씨는 모스크바의 겨울 기온과 밀접하게 연관되어 있다. 이렇듯 지구의 온도 변화는 매우 넓은 면적에 걸쳐 일어나기 때문에, 일반적인 측정기기로 기온을 측정하기 시작한 초기 측정값은 넓은 지역을 포괄하지 못해 정확도가 높지 않으니 결국 지구 평균 기온의 변화를 알 수 없다는 기후변화 회의론자들의 주장은 말이 되지 않는다.

하지만 지구의 절대적 평균 기온을 알아낸다고 해도 불확실성이 상당히 높기 때문에, 보통 학계에서는 기준 기간과 비교했을 때의 편차도 함께 제시한다. 지구의 절대적 평균 기온을 계산하기 위해서는 우선 각 지역의 특성도 함께 고려해야 한다. 예를 들어 산이나 계곡과 같은 지형에서는 고도가 조금만 달라져도 기온 차이가 상당할 수 있고, 이런 지역의 기온을 전 세계에 적용할 수도 없다. 반면 기준 기간 대비 기온 편차는 공간의 영향에 구애받지 않으니 비교적 균일하고 지역 간격차도 크지 않다. 따라서 지구 전체의 평균 기온을 시간순으로 보여주는 경우에는 보통 [그림 1]에서 그런 것처럼 기온 자체를 제시하는 것이 아니라 주로 기준 기간과 얼마나 차이가 있는지를 제시한다.

이처럼 증거가 분명한데도 기후변화 회의론자들은 물러서지 않는다. 이들은 2009년에 '기후게이트Climategate'[19]라며 스캔들을 만들어 냈는데, '기후게이트'라는 이름부터 이미 1970년대 초 리처드 닉슨 전 미국 대통령이 권력남용으로 탄핵이 확실시되자 사퇴했었던 사건인 워터게이트[20]를 연상시킨다. 이 단어만 봐도 기후변화 회의론자이 어떤 의도로 굳이 게이트라는 용어를 사용한 것인지는 분명하다. 기후 연구의 신뢰성을 훼손하고 기후 연구를 일종의 스캔들로 둔갑시키려 한 것이다. 당시 이들의 공격 대상이 되었던 것은 영국의 저명한 기후학자 필 존스Phil Jones[21] 교수가 이끄는 영국 이스트 앵글리아 대학 부설 기후변화연구소였는데, 수십 년간 전 세계의 기온 데이터를 수집하고 분석해 결과를 제시해 오던 곳이었다. 기후변화 회의론자들은 이 연구팀의 이메일 몇 통을 훔쳐내 그 내용이 지구온난화란 사실이 존재하지 않는데도 기후학자들이 마치 실제로 있는 것처럼 조작한다는 증거라고 주장했다.[22] 지구온난화는 거대한 음모론에 불과하다는 것이었다.

언론도 이 사건을 덥석 물었는데, 당시 덴마크 코펜하겐에서 유엔기후변화협약 당사국 연례 총회가 개최되기 직전이었다. 2012년 채택된 교토의정서[23]가 만료된 이후 각국 정상들이 마침내 기후 외교적 돌파구를 마련하고 기후를 보호하기 위한 구속력 있는 규정을 채택해야 할 상황, 즉 전 세계가 기후변화라는 주제에 주목하던 시점이었다. 하지만 코펜하겐 기후회의는 지금까지 가장 실패한 정상회담 중 하나였다. 독일 언론 「포커스」지는 이 정상회담 결과를 두고 '실패하겐의 붕괴'라는 제목의 기사를 쓰기도 했다.[24] 코펜하겐 기후회의가 실패한 데에는 어쩌면, 혹은 적어도 어느 정도는 기후변화 회의론자들이 만들어낸 이 스캔들이 영향을 미쳤다. 그렇게 생각하는 합리적인 이유는 미국이나 중국처럼 원래 기후변화에 회의적인 국가들이 이 가짜 스캔들을 자기들에게 유리하게 이용했기 때문이다.

한편 영국과 미국 정부는 언론에서 '기후게이트'를 크게 다루는 것에 놀라 공식 조사를 실시했고, 미국의 독립적인 연구소에서 원본 데이터를 재분석하기도 했다. 이처럼 여러 정치기관과 연구소가 조사한 결과 결론은 하나였다. 이스트앵글리아대학 기후변화연구소의 학자들이 옳았으며, 학술적으로 봐도 이들의 지구 기온 분석 연구에는 반박할 여지가 없다는 것이었다.

결국 '기후게이트'는 잠깐 지나가는 논란일 뿐이었다. 지구의 온도가 지난 수십 년간 비정상적으로 높아졌다는 것은 과학적으로 의심의 여지가 없는 분명한 사실이다. 그럼에도 불구하고 기후변화 회의론자들은 '기후게이트'를 만들어 사실을 오도(誤導)하려 했고, 결국 목표를 이뤄 전 세계적으로 기후변화의 존재 자체를 두고 격렬한 논쟁이 벌어졌다. 아무리 잘못된 논쟁이라도 어쨌든 사람들의 입에 오르내리게 되는데, 이는 기후변화 회의론자들의 전략을 구성하는 두 가지 핵심 중 첫 번째다. 즉, 이들의 주장이 사실 여부와 상관없이 전 세계로 퍼져나가 기후 연구에 대한 신뢰를 흔든 것이다. 심리학적 연구에 따르면, 어떤 의견에 반복적으로 노출되면 그것이 터무니없이 말이 안 되는 것이더라도 점점 진지하게 받아들이게 된다고 한다.[25] 거짓말도 계속 하면 진실로 느껴진다는 것이다. 기후변화 회의론자들은 이 사실을 이용했고, 이것이 이들 전략의 두 번째 핵심이다. 결국 나중에는 '기후게이트'는 잘못된 것이었다는 정정보도가 발표되었지만, 당연히 처음 '스캔들'이 터졌을 때만큼 사람들의 이목을 끌지는 못했다.

정치계와 경제계의 교란작전

최근 몇 년간 세계의 정치적·사회적 상황이 변한 것도 기후 보호를 어렵게 만든다. 자기 국가만 중요하게 생각하는 민족주의자와 권력을 잡기 위해 인기에 영합한 정치 공약을 일삼는 포퓰리스트* 세력이 전 세계적으로 점점 커지고 있는데, 당연히 이들에게 기후 보호란 눈엣가시 같은 존재다. 게다가 요즘에는 정치적 논의나 사회 담론도 딱히 그 논의가 사실관계에 근거해 이루어진다고 보기는 어려운 시대가 되었다. 인류가 기후에 미치는 영향은 미미하기 때문에 계속 지금처럼 살아도 된다는 말도 안 되는 내용을 선거 공약으로 내세우는 포퓰리즘 정당이 꽤 많은 지지를 얻어 의회에까지 진출하는 나라가 많아지고 있다. 인간이 기후변화에 미치는 영향이 없다고 생각하면 기후 보호 문제도 당연히 사라지고, 국제적인 기후 협상도 할 필요가 없어진다는 것이 이들의 논리다.

독일의 대표적 포퓰리즘 정당인 독일을 위한 대안당AfD은

---

* 특정 집단을 배제하고, 권력분립과 자유를 없애려 하고, 우리 시대의 복잡한 도전 과제에 대한 해결책이라면서 쉬워 보이는 방법을 대중에게 제시하는 정치인을 말한다. 이들은 가령 홀로코스트를 별로 중요하지 않다고 상대화하는 등 거짓말을 하고 선을 넘는 행동을 한다.

기후변화 해결책을 거부하는 사람들의 주장을 수용하고 이들을 지지한다. 독일을 위한 대안당은 2019년에 "현재 전 세계 평균 기온이 그다지 빠르거나 크게 상승한다는 징조는 나타나지 않고 있다. 우리 사회는 지금 기후 보호를 위해 엄청난 비용과 노력을 들이고 관련된 이들에게 엄청난 정치적 압력을 가하고 있지만, 실제로 전 세계의 기온, 해수면 상승, 폭풍 및 허리케인 활동 등을 측정해 보면 인간의 활동으로 인해 발생한 온실가스나 이산화탄소가 미치는 영향은 일부 단기적인 경우를 제외하고는 전 세계 그 어느 곳, 어느 시대에 대해서도 분명하게 증명할 수 없다."[26]라고 기후변화를 완전히 부정하는 선언을 했다. 이들은 그러면서 과학적으로 증명된 사실을 좀 이상하고 모순적인 하나의 주장일 뿐이라면서 자기들이 만들어 낸 진실을 전달하는데, 이런 '진실'을 전달하기 위해 자극적인 표현을 사용한다.

예를 들어 알렉산더 가울란트Alexander Gauland 독일을 위한 대안당 명예대표는 2019년 6월 독일의 유력 언론 「프랑크푸르터 알게마이네 차이퉁」에 "우리 당은 다른 정당들의 기후 히스테리에 동참하지 않을 것이다."[27]라고 발언했다. 독일 다름슈타트 공대의 언어학자들은 '기후 히스테리'라는 단어를 2019년 최악의 단어로 선정했는데, 심사위원단은 '기후 히스테리'라는 단어가 기후 보호를 위한 노력과 기후 보호 운동을 폄하하고 건전한 토론을 방해한다면서, "기후 히스테리는 기후 보호를 위한 우리 사회의 노력이 커지고 있는 것을 일종의 집단적 정신병이라고 폄하하는 표현이다."[28]라고 선정 이유를 설명했었다.

독일을 위한 대안당은 그 밖에도 독일 학술계를 비방하며 학술 분야를 통제하려 들기도 한다. 다행히 독일은 학문의 자유를 보장하는 나라이고, 학자들도 정치적 압력에 굴복해 연구 결과를 배신하지는 않을 것이다. 사실 독일을 위한 대안당의 목표는 투명하다. 석탄에너지를 더 이상 사용하지 않겠다는 탈석탄과 같은 변화에 대한 사람들의 두려움을 이용해 권력을 잡아 자신들의 목적을 달성하려는 것이다. 그러니 당연히 신재생에너지를 확대하기 위한 조치에 대해 비난을 쏟아내고[29], 풍력발전 반대파와 동맹을 맺으려고 노력한다. 이들은 2021년 독일 총선에서 에너지와 기후가 주요 의제가 될 것이라고 했었는데[30], 이는 선거운동 과정에서 기후학자들과 진흙탕 싸움을 벌일 것이라는 선전포고나 다름없는 말이다. 그러니 학계 전체가 하나가 되어 이들에 대해 강력히 맞설 필요가 있다.

그런데 독일 정치계에서 독일을 위한 대안당만 기후변화에 대해 이런 조잡한 논지를 펼치는 것이 아니다. 독일의 주요 정당인 기사당CSU 내 보수 세력인 바이에른 가치연합Werteunion Bayern은 2020년에 자체적으로 기후 선언문을 발표했는데, "우리의 기후를 조절하는 것은 이산화탄소가 아닌 태양이다. 우리는 환경 독재를 펼치고 우리가 파멸할 것이라고 주장하는 유사 과학의 공포에 맞서 안정적이고 저렴하면서도 안전한 에너지 공급을 확보해야 한다."[31]라는 내용과 "기후 보호 조치는 모두 이산화탄소 농도가 증가하면 지구의 온도가 올라간다는 가정에 근거한다. 하지만 사실은 이 가정 자체가 완전히 말도 안 되는 것이며, 이런 것을 두고 전문용어로 '정크 사이언스*'라고 한다."라는 내용을 제시했다. 개인적으로는 이들이 아무리 당내 소수파라고 해도 당 차원에서 당원들이 공개적으로 이런 선언을 하는 것을 제지하는 것이 맞지 않나 하는 생각이 든다.

앞서 여러 번 이야기했지만 딱 한 번만 더 이야기하자면, 지구에 도달하는 태양복사 에너지의 양은 지난 수십 년 동안 거의 변하지 않았고, 심지어 지구 온도가 크게 높아지기 시작한 지금 오히려 약간 감소하기까지 했다. 그 밖에도 IPCC 보고서가 제시하였듯 지구온난화의 주된 원인은 인간이 대기 중에 온실가스를 배출하기 때문이며, 대기 중 온실가스가 계속해서 증가하면 지구 기온은 더욱 높아진다는 점에 대해 학계에서는 이견이 없다.

독일을 위한 대안당과 가치연합이 사용하는 표현들을 보면 딱 도널드 트럼프 전 미국 대통령이 수년간 사용하던 표현들

---

* '정크 사이언스'를 번역하면 '쓰레기 과학'이다.

이다. 트럼프 전 대통령은 2020년 1월 스위스 다보스에서 개최된 제50차 세계경제포럼(다보스 포럼)에서 "우리가 기회를 잡으려면 지난 수년간의 비관론과 종말적인 예측을 거부해야 한다. 이런 주장을 하는 사람들은 과거에 사로잡혀 어리석은 예측을 할 뿐이다."[32]라며 기후 위기에 대한 자신의 입장을 분명히 밝혔다. 반면 앙겔라 메르켈 총리는 참 감사하게도 이 포럼 연설에서 기후변화란 '믿고 안 믿고의 문제가 아니다'라는 내용을 언급해 주었다. 메르켈 총리의 말대로 기후변화는 현실이다. 그러나 기후변화 회의론자들은 이 사실을 무시한 채 인류는 기후를 변화시킬 수 없다는 주장만을 계속하고 있다. 이들이 마치 고장 난 기계처럼 이 주장을 끝도 없이 반복하면 이런 말도 안 되는 이야기를 믿는 사람이 늘어날 위험이 생긴다. 사실 여기에는 언론의 책임도 크다. 기후변화 부정론자들의 말도 안 되는 논리를 굳이 매번 반박하는 것은 설령 좋은 의도로 그랬다고 해도 결국에는 이들의 주장을 계속 노출시키는 일이기 때문이다.

한편, 독일을 위한 대안당과 가치연합에서 사용하는 공격적이고 모욕적인 표현은 정말 안타깝게도 우리 사회의 야만화에 힘을 보탠다. 이들 역시 말로는 자유나 표현의 자유를 부르짖지만, 자신의 이익에 도움이 되지 않는다면 그 어떤 사실도, 의견도 받아들이지 않는다. 마치 자신이 보수적 가치를 수호하려는 최후의 정치인이라도 된 것처럼 행동하지만, 사실은 사회를 불안정하게 만들어 권위주의를 다시 가져오려는 것뿐이다. 그리고 이 목적을 위해서라면 어떤 수단이든 가리지 않는다. 한 가지 사례로, 2020년 독일 튀링겐 주의회 선거에서 독일을 위한 대안당은 자기 당 후보를 두고도 정치적 목적을 위해 당시 딱히 존재감이 없던 독일 자민당 후보에게 일부러 교묘하게 몰표를 던져 실제로 당선시키면서 독일 사회에 큰 논란을 일으켰는데, 이것만으로도 이들이 수단을 가리지 않는다는 것을 분명히 알 수 있다.*

기후변화 회의론자들과 일부 기업이 수년간 위험한 동맹을 이어오고 있다는 점도 문제다. 특히 다국적 에너지 기업들은 기후 보호 조치를 막기 위해 열심히 노력하고 있으며, 실제로 전 세계 이산화탄소 배출량이 계속 증가하고 있으니, 이들의 활동이 꽤나 성공적인 것으로 보인다. 석탄, 석유, 천연가스 등 화석연료는 오늘날에도 여전히 잘 팔린다. 이들은 에너지 산업이라는 단 한 분야에서 이익을 내겠다고 기후 보호를 위한 전

---

* 역주: 튀링겐주 헌법에 따르면 주의회 내에서 이루어지는 1, 2차 투표에서 과반수를 얻어야 주 총리가 될 수 있으며, 만약 부결되는 경우 세 번째 투표의 최다 득표자가 주 총리가 된다. 당시 2014년부터 집권하던 자민당 소속 보도 라멜로우(Bodo Ramelow) 후보가 유력 후보였는데, 좌파당은 만약 2차 투표까지 결정이 나지 않으면 3차 투표에서 토마스 켐머리히(Thomas Kemmerich)로 후보를 바꾸기로 했다. 투표 결과 1, 2차 투표는 부결되었는데(이때 독일을 위한 대안당 의원 전원이 자기 당 후보에 투표함), 3차 투표에서 독일을 위한 대안당이 토마스 켐머리히 후보에게 투표하면서 켐머리히 후보가 당선되었는데 결국 라멜로우 후보가 당선되지 않게 작전을 짠 것이었고, 이것이 독일 정치계 전체에 큰 파장을 불러일으켰다.

세계 차원의 노력에 굳이 맞서는 수고스러운 일을 수십 년간 계속하고 있다. 이들은 엄격한 기후 보호 조치를 막을 수만 있다면 돈이 얼마가 들어도 상관없다는 듯, 인간이 기후에 영향을 미친다는 사실을 사람들이 의심하게 할 수 있도록 싱크탱크와 로비단체에 넉넉한 자금을 지원해 교묘하면서도 폭넓은 작전을 펼친다. 그러니 프란치스코 교황도 환경에 관한 교황 회칙에서 기업들의 이런 행태를 "경제적·정치적 힘과 자원을 가진 이들 중 많은 이들이 문제를 감추는 데에만 급급하고 있다."라고 비판했었다.[33]

예전에도 비슷한 일이 있었다. 1964년 미국의 외과의사 루서 테리Luther Terry가 발표한 보고서[34]는 미국 사회를 크게 바꾸고 앞으로 미국이 나아갈 방향을 제시하는 내용을 담고 있었다. 당시 테리는 존 F. 케네디 대통령이 담배 소비의 위험성을 평가하기 위해 설립한 위원회를 이끌고 있었는데, 이 위원회는 흡연과 질병에 관한 논문 수천 개를 검토한 후, 담배가 폐암과 심장병을 유발할 가능성이 있으며 정부가 이에 대해 조치를 마련해야 한다는 결론을 발표했다. 그런데 이 결과는 담배 회사 경영진을 살짝 당황하게 만들었을 수는 있어도, 담배 산업 자체를 막지는 못했다. 담배 산업은 이에 대응해 자사 제품을 지키는 것을 최우선 순위로 삼고, 담배가 사실은 건강에 해롭지 않다는 잘못된 정보를 전달하는 캠페인을 진행해 결국 몇 년 동안 흡연의 진실을 성공적으로 숨길 수 있었다. 그 밖에도 막대한 자금을 투입해 흡연이 건강에 해롭다는 사실을 사람들로 하여금 의심하게 하고, 의학적인 연구 결과의 신빙성을 떨어뜨렸다.

사실을 숨기는 것은 이미 오래된 전통이나 다름없다. 미국에서도 이미 수년 전부터 잘못된 정보가 전파되면서 실제로 강력한 기후 보호 조치가 무산되고 있다. 1989년에 여러 대기업을 통해 자금을 지원받는 로비단체 'GCC Global Climate Coalition, 지구기후연합'가 설립되었는데, 이 단체가 바로 기후변화를 부정하는 이들의 구심점이나 다름없었다. 석유 회사인 엑손모빌, 셸, BP를 비롯해 자동차 제조업체인 포드, GM, 다임러 크라이슬러 등이 이 단체를 지원했다.[35] 주로 화석연료의 채굴과 가공 사업을 하는 기업들로, 아마 IPCC의 설립[36]에 대응하기 위해 이 연합을 만들었을 것이다.

유엔환경계획UNEP과 세계기상기구WMO는 1988년에 기후변화가 얼마나 위험한지를 설명하고 이 문제에 대응할 방법을 찾기 위해 IPCC를 설립했다. 그리고 앞서 설명했던 것처럼 IPCC는 1990년에 제1차 보고서에서 대기 중 온실가스의 농도가 지금처럼 계속 상승한다면 21세기 말까지 지구 온도가 몇 도는 더 높아질 것임을 분명히 밝혔다.

GCC의 임무는 온실가스 배출을 줄이기 위한 법적 규제가 만들어지는 것을 막기 위해 사람들이 기후변화를 불신하게 만들고 인간이 기후변화에 영향을 미친다는 사실 자체의 신빙성을 떨어뜨리는 것이었다. 이들의 전략 중 하나는 일부 세부적인 내용의 불확실성을 지구온난화 자체에 대한 불확실성인 것처럼 부풀려 인간이 진짜 지구온난화의 원인인지는 실제로 알수 없는 일이라는 인상을 주는 것이다. 담배 산업과 마찬가지로 GCC도 기업들로부터 막대한 자금을 지원받았고, 미국, 그중에서도 특히 공화당 의원들을 상대로 성공적인 로비를 펼쳤다. 이후 기후 보호를 중요시하는 국가가 늘어나면서 GCC도 2001년에 해산했지만, 적어도 석유 업계만큼은 전혀 변하지 않았다. 5대 석유 기업으로 불리는 엑손모빌, 셸, 셰브론, BP, 토탈은 2015년 파리기후협정이 체결된 이후에도 계속 화석연료를 시장에 판매하기 위해 3년 동안 10억 달러를 들여 기후에 관해 잘못된 내용을 전파하고 로비를 했다.[37] 그리고 지금 상황을 보면 이들은 원하던 바를 달성한 것 같다.

트럼프 전 대통령이 집권한 이후 파리기후협정을 탈퇴했던 미국은 2019년 마드리드에서 개최된 유엔기후변화회의에서 탈퇴를 철회했지만, 그럼에도 기후 보호에 대한 방해 공작은 여전했다. 이런 모습을 보고 있자면 이제 정치에서 품위라고는 더 이상 찾아볼 수 없게 되지 않았나 싶다. 아니, 품위 같은 건 애초에 없었을지도 모른다. 기후 보호에 반대하는 트럼프 전 대통령의 정책은 많은 미국 국민들의 지지를 받았는데, 미국인의 3분의 1은 인간이 기후변화에 영향을 미친다는 사실을 아예 믿지 않으며, 나머지 3분의 1도 이 사실이 완전히 확실하지는 않다고 생각한다.

그런데 기후 보호에 훼방을 놓으려는 석유 회사 중에서도 엑손은 남달랐다. 하버드 대학의 연구[38]에 따르면 엑손은 인간이 기후변화에 미치는 영향과 이산화탄소가 기온에 미치는 영향을 알면서도 일부러 의심을 제기해 사람들이 오해하도록 만들었다. 하지만 엑손은 사실 석유 사업이 기후에 부담을 준다는 사실을 일찍이 알고 있었다.[39] 1982년에 이미 엑손의 사내 연구원들이 대기 중 이산화탄소 함량이 증가하고 이에 따라 지구의 기온도 높아질 것이라는 예측을 내놓았는데, 지금 봐도 꽤 정확한 예측이다. 하지만 엑손은 이산화탄소의 증가를 막는 대신 오히려 수백만 달러를 들여 기후 연구에 대한 의심의 싹을 심기 위한 홍보 캠페인을 진행했다. 1997년에는 「뉴욕타임스」지에 지구 온도가 얼마나 높아질 것인지, 혹은 아예 온도가 정말 상승하기는 하는지는 학자들도 분명히 예측할 수 없으며, 인간이 지구온난화의 원인이라는 것도 분명하지 않다는 내용의 광고를 싣기도 했다.

이제는 엑손의 이런 행태에 대해 법적인 심판이 이루어져[40], 뉴욕주 검찰은 엑손이 고객과 투자자에게 지구온난화로 인한 경제적 리스크를 분명히 설명하지 않았으며, 투자를 유치하기 위해 잘못된 정보를 제공했다는 판결을 내렸다. 담배 회사들이 수년 전 흡연이 미치는 건강상의 위험을 경시했다는 이유로 무거운 벌금형을 선고받았던 것처럼 엑손도 그렇게 될 가능성이 있다. 그러나 결국 어떤 판결이 내려지든 간에 엑손을 비롯한 석유 대기업들이 지구 기후에 돈으로는 되돌릴 수 없는 피해를 주었다는 점은 분명하다.

담배 산업과 에너지 산업 사이에는 분명 위험한 공통점이 있다. 하버드 대학의 역사학 교수 나오미 오레스케즈Naomi Oreskes와 역사학자 에릭 콘웨이Erik Conway가 함께 쓴 『의혹을 팝니다』[41]에서도 비슷한 내용을 찾아볼 수 있는데, 이 책은 지난 수십 년간 담배가 건강에 미치는 위험에 대한 과학의 경고를 부인하고 반박하던 일부 연구소와 학자들의 수법이 온실가스 감축 정책을 막는 데에서는 어떻게 작용했는지를 주제로 다루고 있다.

끝으로 이번 장의 내용을 요약하자면, 우선 인간이 지구온난화의 주된 원인이며, 지구온난화는 온실가스, 그중에서도 특히 이산화탄소 배출로 인한 결과라는 것은 실제 기후를 관측한 데이터나 기후모델을 활용한 시뮬레이션만 봐도 분명히 알 수 있다. 자연적인 기후변화로는 지구 온도가 장기적으로 높아지지 않기 때문이다. 또한 기후변화 회의론자들이 펼치는

'논리'에는 충분한 근거가 없고, 과학적으로도 사실이 아니다. IPCC에 대한 기후변화 회의론자들의 비난에도 전혀 근거가 없다. 그리고 정치계와 경제계에는 학계를 지지할 의무가 있다.

달라진 사회

전 세계적으로 기후 보호를 어렵게 만드는 또 다른 요인이 있다. 바로 우리 사회가 변하고 있다는 것이다. 요즘에는 민족주의와 포퓰리즘이 세력을 얻고, 독재자가 권력을 잡는 나라도 늘고 있다. 게다가 오로지 끝없는 이윤만을 추구하는 자본주의와 더불어 세계화가 사실상 아무런 규제도 없이 이루어지면서 전 세계적으로 '정의'가 사라지고 있다. 이는 정치인들이 자유시장만을 중시하면서 시장을 통제할 수 있는 규칙을 없앤 대가다.

기업은 대체 어떻게 사회적·환경적 기준이나 인권이 없는 것이나 마찬가지인 나라로 쉽게 이전할 수 있을까? 왜 많은 다국적 기업은 세금을 터무니없이 적게 내거나 아예 내지 않으면서도, 막대한 이윤을 창출하는 지역에 환원하지도 않는 걸까? 우리 사회의 필수적인 부분을 민영화하는 것의 장점이 있기는 한가? 보건체계의 민영화에 의료의 계층화 말고 어떤 이점이 있었는가? 이제는 아무런 규제도 없는 시장에서 오직 소수만이 이득을 누리는 신자유주의적 사고방식에서 탈피할 때다. 그러지 않으면 결국 디지털화와 인공지능이 세계경제를 근본적으로 변화시키는 과정에서 대부분의 사람들이 분노, 두려움, 불안을 안고 살게 될 것이 분명하다. 포퓰리스트들은 미래에 대한 사람들의 분노와 두려움, 불안을 이용해 자기 목적을 달성하는 방법을 잘 알고 있다. 문제는 그러면서 이들이, 우리가 지금 마주한 시급한 문제에 대한 중요한 결정을 내리지 못하게 방해한다는 것이다.

앞으로 세계가 발전하면 우리는 어떤 세계에서 살게 될까? 그때도 지금 우리가 누리며 살아가는 것들을 지켜낼 수 있을까? 어떻게 하면 그럴 수 있을까? 지금 있는 직업들은 앞으로 어떻게 될까? 지금의 직업이 사라지고 새로운 직업으로 대체되는 건 아닐까? 지금도 집세는 치솟고 있는데, 그때도 내가 집세를 낼 수 있을까? 내가 은퇴할 즈음에는 내가 받을 연금이 남아있을까? 몸이 아플 때 괜찮은 약을 살 형편이 될까? 이처럼 미래에 대한 두려움을 안고 사는 사람들이 세상에는 참 많은데, 당연한 일이다. 하지만 두려움은 사람의 사고를 마비시켜, 그저 과거의 좋았던 시절로 돌아가기만을 바라게 만든다.

그러나 과거가 더 나았다며 한탄하기만 해서는 앞으로 나아갈 수 없으니, 과거만 생각하고 살 수도 없는 일이다. 전 세계 포퓰리스트들이 세상을 살기 좋았던 옛날로 되돌려 주겠다고 약속하지만, 좋은 시절은 돌아오지 않는다. 사람이 절망에 빠지면 허술한 거짓말에도 속아 넘어가기 쉬워진다. 하지만 포퓰리스트와 같은 사람들은 피리 부는 사나이 동화처럼 사람들에게 환상을 보여줘 꾀어낼 뿐이고, 실제로는 자기들을 따르는 사람들을 별로 중요하게 생각하지 않는다. 그러니 우리의 운명을 이들에게 맡겨 도박을 하려는 것이 아니라면, 과거가 아닌 미래를 내다볼 필요가 있다. 소련의 국가수반이던 미하일 고르바초프가 1989년 동독을 방문했을 때 당시 동독의 지도자였던 에리히 호네커와의 일대일 면담에서 동독을 빨리 개방하라고 요구하며 "인생은 너무 늦는 사람에게는 벌을 준다."라고 말했다는 유명한 일화가 있는데, 딱 지금 상황에 맞는 말이다.

안타깝게도 기후 보호에 대한 논의는 점점 이데올로기 싸움이 되어가고, 지금 우리가 사는 세상을 보면 포퓰리스트들이 세계를 점점 장악해 가고 있는 것 같다. 그러니 우리도 포퓰리즘이 인기를 얻는 이유를 제대로 알아야 효과적으로 대응할 수 있다. 수많은 연구 결과에 따르면 포퓰리즘이 특히 큰 지지를 얻는 것은 경제적으로 매우 큰 변화를 경험하거나 사회적 지위가 심하게 낮아질 위험이 있는 경우나, 사회적 지위가 이미 낮아져 그 사실을 받아들여야 하는 경우라고 한다.

예를 들어, 과거에는 크게 번성해 절대 무너지지 않을 것 같았던 미국에서 가장 오래되었고 가장 큰 산업지대인 미국 북동부의 '러스트벨트' 지역이 쇠퇴한 것이 그중 하나다. 미국의 도널드 트럼프 전 대통령은 러스트벨트 지역 중 하나인 펜

실베이니아에서 이 지역에 다시 일자리 기적을 일으키겠다는 유명한 '러스트벨트 연설'을 했다. 미국뿐 아니라 영국에도 이렇게 쇠퇴한 산업지대가 많다. 영국의 쇠퇴한 산업지대에서는 중산층 이상의 사람들까지 영국의 유럽연합 탈퇴가 사실은 별로 영국에 이점을 안겨주지 않음에도 브렉시트에 찬성표를 던졌다. 독일에서도 독일을 위한 대안당과 같은 포퓰리스트 내지는 극우주의자들이 세력을 넓혀 심지어 의회에까지 진출했다. 이들은 특히 예전 동독 지역에서 거의 25퍼센트의 지지율을 얻는 등 세력이 강한데, 독일 통일 이후 살아갈 기반을 잃은 사람들이 이들을 지지하는 것이다.

경제가 시시각각 급변하는 자본주의 시대에 수많은 사람들이 어찌할 도리 없이 미래를 운명에 맡길 수밖에 없다는 현실을 고려하면, 이들이 쉬워 보이는 선택지를 고르는 것은 놀랍지 않다. 특히 서구 민주주의 국가가 이 지역에 사는 사람들이 구조적 변화로 어려움을 겪고 있다는 것을 분명 잘 알면서도 별다른 해결책을 마련하지 않는다는 것은 국가의 의무를 다하지 않은 것이다. 당장 먹고사는 것이 막막한 사람들에게 환경이나 기후 보호는 귀에 들어오지도 않는 먼 세상 얘기이고, 따라서 기후 보호 조치를 사회적으로 폭넓게 수용하기가 거의 불가능해졌다. 이런 상황에서 우리가 아무런 조치도 취하지 않는다면 앞으로 나아갈 수 없을뿐더러 포퓰리스트들에게 놀아날 뿐이다. 살기 좋은 세상을 만들 계획을 세우고 이를 실행에 옮기는 것은 정치인의 의무지만, 실제로 만들어지는 정책 중에는 장기적인 비전을 보여주지 못하는 것들도 많다. 살기 좋은 세상을 만들고 포퓰리스트 세력이 커지는 것을 막으려면 우선 불의가 사회를 완전히 갈라놓기 전에 우리 사회의 불의를 없애거나 최소한 크게 줄이고, 빈부의 격차가 더 이상 벌어지지 않게 막아야 한다. 독일에서는 부모의 직업이나 소득에 따라 아이들의 학교생활이나 성적도 크게 차이가 나는데, 그래서는 안 된다.

디지털화와 인공지능 분야의 새로운 발전에 대해서도 공개적으로 이야기할 필요가 있다. 이런 발전을 무조건 나쁜 것으로 몰아가는 대신, 신기술 없이는 에너지 구조를 빠르게 바꿀 수 없다는 점을 인정하고 기후 중립적인 사회로 나아가기 위해 이런 기술들을 이용해야 한다는 것을 설명하는 것이다. 우리가 늦어도 21세기 중반까지 화석연료를 완전히 사용하지 않는 것을 목표로 한다면 신재생에너지에 기반해 에너지 전환을 달성해야 하는데, 이때 디지털화와 인공지능도 반드시 함께 가야 한다. 또한 기후 중립적인 사회를 위한 전략을 마련하는 과정에서도 항상 우리 사회의 문제나 어려운 점들도 함께 고려해야 한다. 국가가 항상 공정하고 국민을 포용해야만 국민들도 기후 보호를 마음으로 받아들일 수 있기 때문이다.

이와 더불어 현재 전 세계적으로 정의가 사라지고 있는 현상의 이유에 대해 생각해 보아야 하는데, 사실 이런 문제는 결국 경제 때문이다. 지속가능성이라는 용어의 의미도 그러하듯[42] 생태·경제·사회 문제는 서로 밀접하게 맞닿아 있는데, 로마 클럽의 창시자들은 그 사실을 이미 일찍이 깨달았다. 하지만 지금 세계를 보면 경제가 삶의 모든 영역을 지배해 지속 가능한 발전은 고사하고 사람과 환경이 뒷전으로 밀려나 있는 것 같다. 그러나 더 나은 경제체제에 대해 논의하려고 해도 언제나 그 시작부터 가로막히는데, 결국 신자유주의에서 벗어나야 한다는 것은 모두가 잘 아는 사실이다. 이런 맥락에서 칼럼니스트인 스티븐 메트칼프Stephen Metcalf도 영국 「가디언」지의 칼럼에서 신자유주의에 대해 "시장을 신처럼 숭배하고 인간성을 잃어버리는 것이 우리 시대의 주된 이데올로기인 신자유주의다."[43]라고 썼다. 신자유주의는 규제를 완화하고 내수 시장을 개방해 무역을 하라고 요구하며, 정부가 긴축과 민영화를 통해 스스로 자기 권한을 버릴 것을 강요한다.

한동안 오늘날의 정치가 과연 무슨 힘이 있는지가 궁금했었다. 다국적 기업이 세계정치를 손에 넣은 지 이미 꽤 오래되지 않았는가? 정치가 다시 행동할 수 있으려면 어떻게 해야 할까? 결국 나는 전 세계가 함께 협력하고 시장을 다시 어느 정도는 규제하는 것이 답이라는 결론을 내렸다. 이대로라면 인류는 신자유주의를 더 이상 감당할 수 없을 것이다. 신자유주의는 이미 오래전에 수많은 정치인들을 사로잡았고, 전 세계, 북반구와 남반구* 사회에서 정의를 없애고 불의를 조장한다. 신자유주의는 세계를 날려버릴 수도 있는 폭탄이나 다름없다. 신자유주의는 서구 산업국가를 비롯해 수많은 나라 사람들의 생존을 위협한다. 하루 종일 일을 하고 심지어 직업이 여러 개인데도 생계가 어려운 사람이 많은 것이 바로 신자유주의의 폐해다. 그러니 사람들이 화가 나는 것도 당연하지만, 정작 이 문제에 대해 이야기하는 것은 포퓰리스트밖에 없다. 그런데 포퓰리스트들은 이런 사람들을 위하는 것처럼 말하지만 사실 문제를 해결할 능력이 없고, 미래에 대해서도 아무런 비전을 제시하지 못한다. 결국 현실을 단순히 부정하고만 있는 것이다.

---

* 보통 북반구란 부유한 선진국을 말하며, 남반구는 개발도상국과 신흥국을 가리킨다.

아름다운 뉴미디어 세계

설상가상으로 미디어 세계에도 허위 정보가 넘쳐나며 사실보다는 감정에 호소하는, 한마디로 '포스트 팩트 시대'에 접어들고 있다. 물론 엄격히 말해 아직 완전히 포스트 팩트 시대가 된 것은 아니다. 기후변화와 같이 중요한 문제에 대해 공개적으로 논의할 때는 '팩트', 즉 진실이 다행히 아직 중요한 역할을 한다. 그러나 전 미국 대통령 트럼프가 대통령에 당선된 것이나 영국의 브렉시트는 거짓을 조직적으로 퍼뜨리고 다른 생각을 가진 사람들을 모욕적인 말로 폄하하는 전략도 충분히 성공할 수 있다는 것을 보여준다.

디지털화로 인해 기존 매체가 위기에 빠지는 동시에 새로운 커뮤니케이션 방식이 출현하면서 가짜 뉴스가 확산하기 쉬운 환경이 만들어졌다. 인터넷과 소셜 미디어는 포퓰리스트, 음모론자, 이익단체가 잘못된 정보로 사실을 감추고 사람들을 속일 수 있는 아주 좋은 기회의 장이 된다. 트위터에 글을 올리면 그 내용이 사람들에게 빛의 속도로 전달된다. 이런 식으로 엄청난 양의 정보를 사람들에게 쏟아부을 수 있기 때문에 포퓰리스트와 같은 이들에게는 아주 유용한 방식이 아닐 수 없다. 이런 활동이 앞으로 얼마나 성공적일지는 아직 모르는 일이지만, 적어도 이런 방식이 도널드 트럼프의 미국 대통령 당선이나 영국의 브렉시트에 큰 영향을 미쳤다는 점은 확신한다.[44] 그 밖에도 나는 수많은 시민들과 대화를 하면서 사람들이 기후 문제에 대한 연구 결과를 믿지 않는 이유는 결국 특정 집단이 이런 뉴미디어를 통해 가짜 뉴스를 확산시켰기 때문이라고 생각하게 되었다. 뉴미디어는 사실 누구나 글을 올릴 수 있지만, 사람들이 뉴미디어에 올라오는 말도 안 되는 주장에 관심을 갖도록 하거나, 심지어 그 주장이 사실이라고 쉽게 믿도록 만든다.

뉴미디어는 나아가 우리 사회의 토론 문화도 바꾸고 있다. 이제는 지구온난화처럼 우리의 미래를 결정하는 중요한 문제에 대해 과학적 연구 결과를 토대로 한 건전한 토론은 사라지고 감정과 분노가 그 자리를 메운다. 사실 모두가 힘을 합쳐 우리가 당면한 시급한 문제를 빨리 해결해야 하는 상황임에도 사회는 점점 양극화되고 있다. 미디어를 비롯해 사회 자체가 변하면서 과학적인 연구 결과를 대중에게 전달하기가 예전보다 더 어려워진 측면도 있다. 예전에는 '종이에 쓰여 있다고 다 옳은 것은 아니다'라는 말이 있었는데, 오늘날에는 이 말을 '종이' 대신 '인터넷과 소셜 네트워크'로 바꿔야 할 것 같다. 인터넷상에서는 말도 안 되는 모든 주장이 모두 같은 '하나의 의견'

으로 받아들여지고 확산하며, 네트워크 세상 속에서 사라지지 않고 영원히 떠돌아다닌다. 지구가 둥글지 않고 평평하다고 믿는 사람들의 모임인 '평평한 지구학회The Flat Earth Society'[45] 웹사이트를 보면 무슨 말인지 감이 올 것이다. 나는 자기만의 이상한 이론을 가지고 지구온난화의 원리를 설명하려 하거나, 지구온난화 자체가 존재하지 않는다거나, 아니면 인간이 기후에 전혀 영향을 미칠 수 없음을 증명해 보이겠다는 이메일을 매일같이 받는다. 그래도 그중에 나름 정중하게 쓴 메일에는 간단하게 답변을 주기도 하고, 확실한 문헌이나 인터넷 사이트를 참조해 답을 한다. 하지만 내가 수치를 조작했다거나 어떤 암흑 세력의 조종을 받고 있다는 둥 나를 모욕하는 말이나 터무니없는 비난으로 가득한 메일도 당연히 자주 있다. 그러니 내가 소셜네트워크를 하지 않고, 앞으로도 그럴 생각이 전혀 없는 게 당연하지 않을까?

독일어학회는 2016년 '포스트 팩트(탈진실)'[46]를 올해의 단어로 선정했는데, 참 적절한 단어를 고른 것 같다. 선정 이유에 대해서는 "독일어학회는 오늘날 우리가 경험하는 정치적인 큰 변화에 주목했다. 포스트 팩트라는 단어는 … 정치적·사회적 논의가 사실보다는 감정적인 측면에 토대를 두는 경향이 심해진다는 것을 의미한다. … 사실을 무시하고 심지어는 거짓이라는 것이 분명함에도 기꺼이 받아들이는 사람들이 점점 많아지고 있다."라고 밝혔는데, 개인적으로 이런 현상이 참 우려스럽다. 트럼프 전 미국 대통령 같은 사람들은 도대체 왜 서슴없이 거짓말을 하고 지지자들을 속이는 걸까? 이런 경향이 이어진다면 앞으로 우리 세계는 어떻게 될까? 계몽주의가 과거에 거둔 성과를 그냥 내던져 버리려는 것일까? 앞으로 더 이상 합리적인 사고나 사실을 따르지 않고 우리의 미래를 결정하는 건 아닐까? 이제는 목소리가 크고 거짓말을 쉽게 하며 지킬 수 없고 듣기 좋은 약속을 하는 사람만이 권력을 잡고, 그 허황된 말 뒤에는 사실 아무것도 없었다는 것을 사람들이 알아채는 순간 신기루처럼 사라지는 건 아닐까?

그 이듬해인 2017년 올해의 단어는 '대안적 사실'이었다.[47] 심사위원들은 이 단어에 대해 "공개적으로 논의를 할 때 거짓 주장이 정당한 논리인 것처럼 받아들여지게 진실을 숨기고 사람들을 속이려는 시도"라고 설명했다. 즉 이 단어는 토론에서 사실에 근거한 논리 대신 입증할 수 없는 주장을 펼치는 행위를 '대안적 사실'이라는 용어로 포장한 것이다. 트럼프 대통령 취임 직후 대통령 대변인이었던 숀 스파이서Sean Spicer가 트럼프 대통령의 취임식이 미국 역사상 최대 규모였다고 했던 것과 달리 정작 텔레비전에서 중계되는 화면은 그렇지 못한 모습이었던 것에 대해 대통령 보좌관이었던 켈리앤 콘웨이Kellyanne Conway가 이것이 '대안적 사실'이라며 변호했던 것이다. 이렇게 염치도 없이 뻔뻔한 거짓말이 확산되는 것은 우리의 정치 문화가 후퇴하고 있다는 증거다. 그뿐만 아니라 트럼프 대통령을 비롯한 포퓰리스트들은 소수자 배제와 인종차별주의를 자신들의 전략으로 활용한다. 따라서 우리 사회의 심각한 양극화와 야만화는 당연히 이들에게 큰 책임이 있다. 그 밖에도 기후학자로서 나는 이런 정치인들이 기후변화라는 과학적인 사실을 정확히 살펴보지도 않고 그냥 쉽게 아니라고 부정하고 있다는 것을 확신한다.

'유럽기후에너지연구소EIKE'[48]처럼 학술 기관을 사칭하는 유사 기관이 인터넷을 통해 말도 안 되는 주장을 퍼뜨리고 있는데도 오히려 이런 단체가 지지자까지 얻는다. 이 연구소는 학술 기관이 아니고, 실제로 아무런 연구도 하지 않는다.[49] 이 연구소 사이트에는 "2009년 말 기후게이트는 지구 북반구의 온도가 IPCC 보고서에서 제시했던 것보다 훨씬 적게 증가했다는 사실을 보여주었다."라는 내용이 올라와 있는데, 물론 말도 안 되는 뻔뻔한 거짓말이다. 예상했다시피, 바로 독일을 위한 대안당이 이 연구소와 밀접한 관계를 맺고 있다. 기후변화 회의론자들은 전 세계적으로 네트워크를 아주 탄탄하게 구축하고 있다. 예를 들어, 독일의 비영리 연구 기관인 코렉티브CORRECTIV와 독일의 제1공영방송인 ZDF의 방송 프로그램 프론탈 21Frontal 21은 미국 일리노이주에 기반을 두고 미국 산업계로부터 수백만 달러의 자금을 지원받는 시장경제 분야의 싱크탱크 하트랜드 연구소Heartland Institute[50]가 기후 보호 조치가 채택되는 것을 막기 위해 독일 및 유럽에서 기후변화 해결에 반대하는 사람들을 어떻게 지원하고 있는지에 대해 공동 연구를 진행했다.[51] 이는 기후변화에 반대하는 이들이 대륙을 넘어 세계적으로 협력하고 있음을 보여준다.

게다가 무고한 과학자들이 인터넷상에서 공격을 받고, 거짓말쟁이로 몰리거나 정말 불쾌한 모욕을 당하는 일이 허다하며, 나만 해도 그런 경험이 이미 몇 차례나 있었다. 특히 인터넷의 익명성이 이런 악의적인 행동의 문턱을 낮추고, 서로를 믿지 못하고 다른 사람을 배제하는 분위기를 우리 사회에 조장한다. 그 과정에서 아무런 잘못도 하지 않은 과학이 억울하게 신뢰를 잃을 위기에 처했다. 음모론자들이나 기후변화 부정론자들이 어떤 공격 방식을 취하는지는 이미 잘 알려져 있다. 이들은 이미 오랫동안 잘 알려진 사실에 의혹을 제기하기 위해 그 분야에서 가장 저명한 인물이나 기관을 거짓말과 악의적인 주장이라는 무기로 집중 공격하는데, IPCC가 기후변화 부정론자들의 주요 공격 대상인 이유이기도 하다.

IPCC는 유엔 산하 기구로, 여기서 몇 년 간격으로 발간하는 기후변화 현황보고서나 특정 주제에 관한 특별보고서는 인간이 기후에 영향을 미친다는 것을 입증하는 믿을 만한 최신

출처다. IPCC가 공격 대상이 되는 경우가 잦은 것도 바로 이 '사실성' 때문이다. 기후변화 회의론자들은 IPCC가 수상한 이익을 추구하는 로비 조직이라고 폄하하는 주장을 주기적으로 펼치며, 이때 인터넷과 소셜 미디어가 이들의 완벽한 무대가 되어준다. 하지만 그 주장대로라면 전 세계 수천 명의 학자들이 도대체 무슨 득을 보겠다고 IPCC를 위해 헌신하는 걸까? 그러니 이득을 얻으려고 가짜 주장을 펼치고 있는 것은 과연 어느 쪽인지 돌아볼 필요가 있다. 가짜 뉴스를 퍼뜨리고자 막대한 자금을 들이는 엑손과 GCC도 이에 대한 하나의 답이 되어준다.

민주주의와 자유, 위험에 처하다

포스트 팩트 추세는 세계의 질서를 뒤흔들며, 환경은 물론이고 민주주의, 자유, 인권까지 크게 위협한다. 2019년에 자이르 보우소나루Jair Bolsonaro 브라질 대통령이 당선된 것도 그런 예다. 보우소나루 대통령은 1985년에 종식된 군사독재를 찬양하는 우익 급진주의자로, 당연히 인권은 별로 중요하게 생각하지 않는다. 그러니 보우소나루 대통령이 미국의 트럼프 전 대통령과 매우 좋은 관계를 유지했던 것도 예상 가능한 일이다. 보우소나루 대통령도 트럼프 대통령처럼 기후변화 회의론자이고, 콩 재배지와 소 사육장 면적을 확대해야 한다고 주장하는 농업 분야에 우호적인 인사다. 심지어 보우소나루 대통령은 경제적인 이익을 위해 아마존 열대 우림을 경작지로 활용하겠다고 발표하기까지 했는데, 열대 우림의 개발 잠재력이 크다면서 열대 우림 파괴에 대한 비판을 '환경 히스테리'로 간주한다. 심지어 자신의 환경정책에 대해 자칭 '캡틴 전기톱'이라는 별명까지 붙였다.[52]

그러니 그가 집권한 이래 브라질의 아마존 열대 우림이 벌채되는 속도가 엄청나게 빨라진 것도 놀랄 일이 아니다. 브라질 우주연구소INPE의 위성 관측 데이터를 보면 이 사실을 알 수 있는데, 2019년 6월만 해도 그 전해와 비교해 열대 우림 벌채가 약 60퍼센트 증가했다. 보우소나루 대통령은 이 연구보고서를 강하게 비판하고 연구소장인 히카르두 갈바오Ricardo Galvão를 해고했다. 그 이후 몇 개월 동안 열대 우림 지역의 상황이 심각해졌고, 산불도 자주 발생했다. 브라질 우주연구소에 따르면 2019년 1월부터 8월 중순까지 브라질에서 발생한 산불은 약 7만 6,000건 이상으로, 이전 해 같은 기간과 비교해 84퍼센트 증가했다. 만약 '정신적 방화범'이라는 말이 있다면 이는 분명 보우소나루 대통령을 가리키는 단어일 것이다. 심지어 보우소나루 대통령은 환경단체들이 대중의 관심을 끌려고 일부러 산불을 질렀다면서 억지 주장을 펼치기까지 했다. 물론 이 주장을 뒷받침할 근거는 아무것도 없다. 아무런 근거도 없으면서도 이렇게 뻔뻔하게 잘못된 주장을 펼치는 모습을 우리는 트럼프 전 미국 대통령에게서 이미 많이 봤었다.

독일 연방환경부 차원에서 아마존 열대 우림에 대한 벌채 확대에 대응하려고 아마존 열대 우림을 보호하기 위해 지급하던 수백만 달러 규모의 지원금을 동결하는 방안을 고려하고 있는 것과 달리, 독일 정부 차원에서는 보우소나루 대통령의 환경정책에 대응하기 위한 어떠한 전략도 마련하지 못했다. 한편 보우소나루 대통령과 트럼프 전 대통령 사이에는 그 밖에도 교묘한 말로 제도를 악용하려는 공통점이 있다. 이들은 절대 권력을 원하며 또 실제로도 그런 권력을 쥔 듯이 행동한다. 그리고 부자들은 더 지원해 주고, 당초 국민들에게 했던 약속과는 정반대로 사회의 정의를 사라지게 만들었다.

독일에서도 마찬가지로 정의가 사라지고 있다. 지난 수년간 독일의 경제는 계속 호황이었지만, 부의 불평등은 그 어느 때보다도 심각했다. 부유층과 저소득층 사이의 격차도 최근 몇 년간 더욱 심해졌다.[53] 독일의 공익재단인 베텔스만 재단이 2019년 12월 발표한 연구 결과에 따르면 "EU와 OECD 국가 중 거의 모든 국가의 고용 수치가 금융위기 당시와 비교해 다시 양호한 상태를 회복했지만, 빈곤 위기는 거의 달라지지 않았다."라고 한다.[54] 즉, 노동을 하면서도 가난하다는 의미다. 어쩌면 '세계의 브라질화'가 시작된 것일 수도 있다.

'세계의 브라질화'라는 용어는 독일의 사회학자 울리히 벡 Ulrich Beck이 자신의 책 『노동의 아름다운 신세계』[55]에서 처음으로 사용했다. 그는 독일의 신문사 「라이니쉐 포스트」지와의 인터뷰에서 "브라질에서는 노동 조건이 불안정하기 때문에 직업을 여러 개 가지는 것이 당연한 일이 되었다. 그런데 우리가 당초 예상했던 것처럼 브라질이 유럽화되는 대신 오히려 유럽이 브라질화되고 있다. 예를 들어 설명하자면, 독일에서 모든 사람에게 일자리가 주어진다는 완전 고용을 논할 때 말하는 일자리란 안정적인 전문 직종을 이야기하는 것이 아니라 불안정하며 단기적인 일자리로 고용을 늘리는 것을 의미한다."[56]라고 말했다. 독일의 수학자이자 경제학자인 프란츠 요제프 라더마허Franz Josef Radermacher도 자신의 책 『미래가 있는 세계』[57]에서 이 단어를 설명했는데, 그에 따르면 세계는 '사회적인 문제를 고려하지 않으면서 생태 문제를 해결하려고 한다면, 민주주의가 해체될 뿐만 아니라 국민 다수로부터 특권 엘리트층으로 부(富)가 이동하는 납득할 수 없는 현상이 발생할' 위험에 처해 있다.

따라서 '브라질화'라는 용어는 전 세계가 브라질처럼 극소수 상류 엘리트층과 대다수 빈곤층이라는 두 계층 사회로 변하는 것을 말한다. 서구 민주주의 국가에서 중산층이 점점 줄어들고 있다는 것은 많은 사람들이 '강한 지도자'를 원하게 될 수 있다는 경고 신호이기도 하다. 그러니 지금 세계가 결국 브라질화로 향하는 돌이킬 수 없는 길로 들어섰다고밖에는 생각할 수 없다. 세계가 브라질화된다는 것은 당연히 환경 보호나 기후 보호에도 매우 좋지 않은 일인데, 양극화된 세계의 특권 계층은 오로지 이익만을 추구하고 환경에는 신경도 쓰지 않기 때문이다.

트럼프 대통령과 보우소나루 대통령은 환경 문제를 무시할 뿐만 아니라 사법부를 공격하기까지 한다. 그런데 사법부에 대한 공격은 언론을 겨냥한 것으로도 볼 수 있는데, 아무리 국가 차원에서 언론의 자유를 법으로 규정하고 있어도 이들은 아무런 신경도 쓰지 않기 때문이다. 심지어 트럼프 대통령은 예전에 언론을 '국민의 적'이라고까지 표현했었다. 즉 언론은 자신의 말만을 진실로 알려야 한다는 것이다. 이런 행태는 트럼프 대통령뿐만 아니라 유럽의 일부 국가와 터키 등 강한 권력을 쥐고 있는 국가수반에게서도 볼 수 있다. 그리고 독일에서도 자유로운 기본 질서와 표현의 자유를 눈엣가시로 여기는 정치인들이 기세를 떨치고 있다. 그러니 '거짓 언론'[58]이라는 단어가 2014년 그해 최악의 단어로 선정되었던 것도 우연이 아니다. 심사위원단은 이 단어를 언론의 명예를 깎아내리는 말이라고 설명했다. 이처럼 언론을 폄하하는 분위기가 팽배한 상황이니, 그저 언론이 이런 공격과 폄하를 버텨내고 정치인들에게 순순히 '굴복'하지 않기만을 바랄 뿐이다.

한편 독재자가 권력을 잡고 언론을 통제하게 되면 권력분립이 약해질 위험이 있는데, 특히 터키·헝가리·폴란드를 보면 이런 위험을 분명하게 알 수 있다. 그런데 이런 나라들뿐 아니라 오스트리아에서도 정치인이 언론 통제를 시도하려다가 발각된 섬뜩한 사례가 하나 있었다. 2017년, 오스트리아의 고위급 정치인 두 명이 스페인 이비사섬의 별장에서 자칭 러시아 재벌가의 조카라는 여성과 만나는 모습을 비밀리에 촬영한 영상이 공개되었다. 영상에서 이 두 남성은 정당의 자금조달 규제를 피해 부정부패를 저지르고 언론을 은밀하게 통제할 계획이라는 얘기를 아주 당당하게 이야기하고 있었다.[59] 당시 영상을 접한 사람들은 부정부패나 언론 장악을 아무렇지도 않은 당연한 일처럼 여기는 이들의 태도에 큰 충격을 받았었다.

포스트 팩트 시대가 오면 사람들이 평화롭게 함께 살아가기가 어려워진다. 사실이 아닌 말들 때문에 협력이 필요한데도 분열이 생기고, 사회 일부 집단이 배제되고, 다자주의 대신 민족주의가 자리를 잡는다. 미국이 한때 파리기후협정에서 탈퇴한 것도 이런 사례 중 하나이다. 그러나 앞서 설명했듯 이산화탄소와 같은 대기 중 온실가스는 수십 년간 지구 전체로 퍼져나가 결국 한 나라가 아닌 지구 전체의 기후에 영향을 미치기 때문에 기후 문제는 반드시 모든 국가가 한마음이 되어 해결해야 하는 문제다. 솔직함과 협력의 중요성을 인식하지 못하고 자기 이익만을 추구하며 심지어 강력한 재정적 후원까지 받는 포퓰리스트들의 인기가 높아져 정말 이 사람들이 권력을 손에 넣게 되면 실제로 많은 것이 위태로워진다.

그렇다면 대안적 사실과 가짜 뉴스가 만연한 시대에 이런 사람들에게 세상을 넘겨주지 않으려면 어떻게 해야 할까? 민주주의나 자유와 같은 올바른 가치를 지지하는 전 세계 모든 사람이 힘을 합쳐 최대한 빨리 이 질문에 대한 답을 찾아내야 한다. 지금의 사회제도 때문에 부패한 소수 엘리트 계층만 이득을 보았으니 이제 이 제도를 무너뜨려야 한다는 포퓰리스트들의 주장과 가짜 뉴스가 확산하면서 사람들이 우리 사회의 제도를 신뢰하지 않고, 이런 제도가 사실은 잘못된 것이었다는 오해를 하고 있다. 그러니 이런 포퓰리스트들의 말이나 가짜 뉴스에 반박하고 사람들을 다시 설득할 수 있는 확실한 방안을 찾아야 하는데, 아쉽게도 지금으로서는 해결 방안을 찾지 못한 것 같다. 현대 서구사회를 비롯한 전 세계 많은 나라에서 자유 언론, 독립적 사법부의 권한이 약해질 뿐만 아니라 브렉시트처럼 국경을 걸어 잠그기를 원하는 나라도 많다는 것을 생각하면 지금 우리는 이동의 자유까지 위협받는 셈이다. 포퓰리스트들에게 투표하는 사람들은 자신이 어떤 이들에게 투표하는 것인지 자세히 알아보고 다시 잘 생각해볼 필요가 있다. 자유를 한 번 잃으면 되찾기 어렵다는 것은, 우리가 역사에서 배웠던 교훈이다.

우리는 '말해도 되는 것'과 '말하면 안 되는 것'의 선을 지켜나가야 한다. 솔직히 지금 독일 의회에서 의원들이 하는 말을 듣고 있으면, 의회에서 저런 말까지 해도 되는가 싶어 놀라울 때가 한두 번이 아니다. 하지만 국회의원뿐만 아니라 모든 시민에게는 민주주의를 해치는 행동, 인종차별, 특정 사회집단에 대한 배제를 막을 의무가 있다. 특히 인터넷상의 소통에 대해서는 이제 더 엄격한 규칙이 필요하기 때문에, 관련 정책을 마련하고 엄격하게 지킬 필요가 있다. 현실 세계뿐 아니라 온라인 세계에서도 '말해도 되는 것'의 선을 만들어 모욕과 비방을 금지해야 한다. 페이스북이나 트위터와 같은 인터넷 플랫폼의 운영자는 그 플랫폼에 올라오는 내용에 대한 책임을 져야 하는데, 현실 세계의 산업과 똑같은 것이다. 생산업체가 생산을 하면서도 청정한 환경을 유지하기 위해 환경설비를 만들고 기술을 연구하는 등 노력하는 것처럼 인터넷 플랫폼 운영자도 플랫폼을 청정하게 유지하기 위해 노력해야 한다는 것이다.

그러면 표현의 자유를 제한하지 않으면서도 인터넷을 청정하게 유지하는 규칙이란 과연 어떤 것일까? 현재 이에 대한 논쟁이 한창 진행 중이며, 앞으로 이 규칙이 완성되면 인터넷상의 모욕이나 혐오 발언도 한결 줄어들 수 있을 것이다. 이런 규칙을 마련하는 것과 더불어 학교에서부터 이미 넘쳐나는 인터넷상의 정보를 다루는 방법을 학생들에게 가르칠 필요가 있다. 우리가 사실과 거짓을 구분하는 법을 배우지 않는다면, 우리가 앞서 이야기했던 잘못된 정보를 퍼뜨리는 기업이나 세력처럼 지구를 돈벌이 수단으로만 보고 착취하는 사람들의 말에 놀아날 가능성을 배제할 수 없다. 이런 사람들은 환경을 별로 고려하지 않으며, 심지어 기후 문제를 부정하는 것이 곧 이들의 비즈니스다.

가끔 기후변화에 대해 논의하는 모습을 볼 때 소름이 돋는 순간이 있다. 적어도 1990년대 초반에는 이미 인간이 지구온난화의 주된 원인이라는 점에 과학적 합의가 이루어졌고, 주요 선진국의 과학 연구소에서도 모두 같은 생각을 했다. 놀라운 것은 그로부터 거의 30년이나 지났는데도 아직까지 많은 국가의 많은 사람들이 인간이 기후변화에 영향을 미친다는 사실을 부정하거나 적어도 완전히 확실하지는 않다고 생각하고 있는 것이다. 특히 대기업이 눈앞의 경제적 이익만을 생각해 엄청난 돈까지 들여가면서 기후변화에 반대하는 분위기를 조장한 나라에서는 이런 경향이 더 심하다. 그러니 우리는 세계경제 체제를 더 자세히 지켜볼 필요가 있다. 이 말은 세계적 차원에서 경제를 개혁하고 자유를 지켜내야 한다는 것이며, 결국 이는 환경을 온전히 보존하기 위한 핵심적 조치다.

　자유와 환경이 도대체 무슨 연관성이 있는지 모르겠다면 독일의 과거를 보면 된다. 독일이 분단되어 있던 시절, 자유가 없던 동독 지역에는 환경 보호도 없었다. 하지만 자유가 보장되어 있던 서독 지역에서는 그때부터 이미 환경 보호가 이루어지고 있었다.

코로나 위기

이번 장을 시작하며 분명하게 짚고 넘어가고 싶은 것이 두 가지 있다. 우선 첫째, 코로나 위기는 전 세계적인 비극이다. 둘째, 기후 위기는 세계경제가 막다른 골목에 이른다고 해서 자연스럽게 해결되는 문제가 아니다. 우리는 인류가 코로나 위기에 대처하는 모습을 통해 기후 위기를 비롯한 다른 모든 문제에 어떤 식으로 대응하고 있는지도 알 수 있다.

2019년 12월에 그 누구도 예상치 못한 2차 대전 이후 유례없는 글로벌 위기가 시작되었다. 바로 코로나19 바이러스SARS-CoV-2[60]가 동물에게서 인간으로, 그리고 엄청난 속도로 전 세계에 퍼져나가며 전염병이 국가 간 경계를 넘어 세계적으로 확산하는 '팬데믹' 사태가 벌어졌다. 2020년 5월 초까지 전 세계 코로나19 감염자 수는 약 350만 명에 달했고, 사망자도 2만 5,000명을 넘었다. 그중에서도 깨끗한 물과 제대로 된 보건체계가 갖춰져 있지 않은 개발도상국이나 열악한 시설에서 수천 명이 함께 생활하는 난민 수용소 같은 곳들은 특히 우려스럽다. COVID-19라고도 불리는 이 신종 바이러스가 처음으로 확인된 곳은 중국 후베이성의 우한시다. 우한시는 바이러스가 폭발적으로 확산되어 약 6,000만 명이 감염된 후에 거의 완전한 봉쇄 조치가 내려졌지만, 그때는 바이러스가 이미 전 세계로 확산된 후였다.[61] 이런 위기에 미리 준비되어 있던 나라는 당연히 거의 없었으니, 팬데믹은 빠르게 재앙으로 바뀌었다. 코로나19 바이러스는 전에 없던 완전히 새로운 유형의 바이러스로, 이에 대한 어떠한 항체도 없던 인류는 무력하게 당할 수밖에 없었다. 특히 고령자, 기저질환자, 면역력이 약한 사람들은 고통이 더 컸다. 전 세계 많은 지역에서 보건체계가 한계에 달했는데, 그중에는 보건체계에 갑자기 과부하가 걸리면서 급증하는 중환자를 감당할 수 없게 돼 결국 보건체계 자체가 붕괴된 경우도 있었다. 예를 들면 인공호흡기가 충분하지 않으니 중환자를 제대로 치료하지 못해 사망자가 급격히 늘어나는 것이다.

코로나 바이러스의 확산을 막기 위해 가장 좋은 방법은 최대한 밖에 나가지 않고 집에 머무르는 것이다. 그래서 코로나19가 시작된 초기에는 많은 국가에서 사회적 접촉을 대폭 제한하거나 완전히 금지했고, 술집·카페·식당을 비롯한 상점 대부분이 문을 닫아야 했다. 특히 코로나19 확산이 심했던 미국 뉴욕은 거의 고립되다시피 했다. 그때는 그야말로 전 세계 모든 것이 멈춘 것이나 다름없었다. 비행기도 뜨지 않았고, 컨테이너선이 바다를 가로질러 운송하는 화물의 양도 크게 줄어들었다. 도로 교통량도 줄어 감염 확산이 특히 심했던 일부 지역에서는 도로에 차가 거의 다니지 않는 지역도 있었고, 유람선이나 크루즈선도 운항하지 않고 항구에 가만히 멈춰 서 있었다. 전 세계 수많은 지역에서 공장이 멈추면서 그동안 상상하지도 못한 엄청난 경제적 손실이 발생했다. 그러자 각국 의회는 국민을 위한 지원책을 이례적으로 빠르게 채택하는 등, 전 세계가 바이러스 확산을 막기 위해 그야말로 온 힘을 다해 노력했다. 바이러스가 처음 시작되었던 중국은 상황이 금방 빠르게 안정되었고 신규 감염도 크게 줄었다고 주장하고 있다. 한국은 초기 대응 당시 봉쇄 조치를 하지 않고도 바이러스의 확산을 막고 확진자 수를 비교적 적게 유지한 몇 안 되는 국가 중 하나였지만, 이탈리아·스페인·미국 등은 안타깝게도 그러지 못했다. 수많은 나라가 국가 기능이 멈출 정도로 강력한 봉쇄에 나섰지만 이미 때늦은 조치였다. 결국 전 세계는 보건, 경제, 사회 부문에서 그 누구도 예상하지 못한 큰 타격을 경험했다.

코로나 위기 역시 우리가 마주하는 모든 문제와 마찬가지로 우리에게 질문을 던지고, 무절제한 세계화, 맹목적인 이익 추구, 점점 빨라지는 변화 등을 시험대에 올린다. 코로나 위기가 발생하기 전에 이런 주제는 주로 소규모 학회나 로마 클럽 등 학술적인 차원에서만 논의되었다. 우리가 지금껏 그 누구도 규제하지 않았기에 한도 끝도 없이 계속되던 세계화를 다시 조금은 뒤로 되돌리고, 맹목적인 이윤추구를 줄이고, 우리 사회를 더 나은 곳으로 만들기 위해 조금씩 노력하고, 조금 더 느리게 산다면 결국 전 세계의 안보, 번영, 정의, 삶의 질이 나아지지 않을까? 위기는 세계경제 시스템이 이미 가지고 있던 한계를 우리 눈앞에 꺼내 보여주었다. 가령 코로나19 사태 이후 주요 의약품의 공급이 지연되면서, 글로벌 공급망이 가진 단점이 확실하게 드러났다. 세계화와 복잡해진 물류 공급망은 기후 위기에도 단점으로 작용하는데, 예를 들어 극단적 기상현상이 증가하는 경우 운송이 멈출 가능성이 더 높아지기 때문이다.

포퓰리스트 정부들은 코로나19 사태 초기에 바이러스의 위험을 알았으면서도 말도 안 되는 소리를 늘어놓으며 이 경고를 무시했다. 하지만 이들이 위기에 대처하는 방식을 보면서 적어도 몇몇 사람들은 가면 뒤에 숨은 이들의 진짜 모습과 이들이 아무런 해결책이나 현실적인 비전도 제시하지 못하면서 교묘한 말장난이나 하고 있다는 진실을 깨달았을 것이다. 아무런 대응을 하지 않았으니 결국 이런 국가에서도 확진자가 급증해 그동안 그렇게 무시해 오던 과학자들에게 도움을 청할 수밖에 없게 되었다. 바이러스의 위험성을 사전에 알고도 이를 무시한 채 아무런 사전 조치도 취하지 않았던 정부 중에는 당연히 앞서 말한 도널드 트럼프 전 미국 대통령과 자이르 보우소나루 브라질 대통령도 포함된다. 트럼프 전 대통령은 당시 코로나19가 '농담'이라고 했고, 보우소나루 대통령은 코로나 바이러스는 '환상'이자 언론이 부추기는 거라고 단언했다. 이처럼 국가 수장들이 국민의 목숨을 걸고 말장난이나 하는 동안 바이러스는 수천 명의 목숨을 앗아갔다.

언론 보도에 따르면 트럼프 전 대통령은 이미 2020년 1월에 여러 기관을 통해 바이러스가 확산되면 상황이 심각해질 가능성이 있다는 경고를 받았지만, 이 경고를 무시했다.[62] 그러니 미국이 한때 매일 2,000명 이상의 사망자가 속출하며 전 세계에서 코로나19 확진자와 감염자 수가 가장 많은 나라였던 것도 우연이 아니다. 당시 트럼프 대통령은 남 탓의 일인자답게 처음에는 유럽연합과 세계보건기구를 비판했고, 나중에는 좌파 언론과 민주당에 책임을 돌렸다. 폭스 뉴스는 코로나 바이러스가 위험하지 않다는 잘못된 정보를 퍼뜨리고 사망자 수가 정말 제대로 집계된 것이 맞느냐는 의문을 제기해 사람들에게 잘못된 인식을 심어주었다. 독일에서는 독일을 위한 대안당 수뇌부가 바이러스학 학자들의 만류에도 불구하고 일부러 대규모 집회를 열기도 했다. 이렇게 코로나 바이러스가 위험하다는 과학의 경고를 듣지 않는 정치인들은 당연히 인간이 기후에 영향을 미친다는 사실도 과학자들의 망상일 뿐이라고 생각한다. 이런 사람들에게 우리가 사는 세상을 내줘도 되는 것일까?

코로나19 위기가 분명히 보여주었듯, 전 세계 차원의 위기는 전 세계 모두가 함께 대응해야만 해결하거나 완화시킬 수 있다. 이는 기후 위기에 있어서도 마찬가지다. 글로벌 위기를 극복하려면 반드시 정치, 경제, 학계, 시민사회가 모두 힘을 모아야 한다. 하지만 포퓰리스트나 민족주의자들은 협력을 거부할 뿐만 아니라 위기를 관리할 능력도 없다. 그러니 만약 세계라는 한배에 탄 우리 운명의 방향키를 이들이 잡는다면, 결국 예측할 수 없는 행동으로 우리를 불행에 빠뜨릴 것이라는 점은 쉽게 알 수 있다.

코로나 위기를 겪으면서 세계가 너무나 쉽게 분열될 수 있다는 것도 드러났다. 많은 나라들이 자국 입장만 생각하고 다른 나라는 어떻게 되든 상관하지 않는다. 유럽만 봐도 감염자가 급증하는 시기에 확진자 수를 낮추겠다고 국경을 닫은 것이 결국 상황을 더 악화시켰는데, 유럽 내 국경을 넘어 운송되는 상품의 공급이 어려워지면서 공급난이 심각해지는 데 일조한 것이었다. 특히 독일과 폴란드 국경에서 교통체증 때문에 트럭이 40킬로미터나 늘어서 있는 모습을 통해 이런 문제를 눈으로 똑똑히 볼 수 있었다.

또, 위기가 발생하면 항상 민주주의는 어려움에 빠진다는 사실이 이번에도 다시 한 번 증명되었다. 헝가리의 빅토르 오르반Viktor Orbán 총리는 코로나 위기를 독재의 기회로 삼았다. 전 세계가 코로나 위기에 빠진 상황에서 헝가리 의회는 총리의 권한을 강화하는 '비상사태법'이라는 법을 채택하면서[63] 오르반 총리가 무제한으로 통치하는 것이 법적으로 가능해졌다. 이에 반대하는 다른 의원들의 목소리는 묵살되었고, 정부에 비판적인 의견을 낸 언론인들은 감옥에 갈 위기에 처하기도 했다. 여기서 2012년에 유럽연합이 노벨평화상을 수상한 것에 대한 의미를 되돌아볼 필요가 있을 것이다. 적어도 노벨상 위원회가 평화상을 수여할 때 기대했던 유럽연합의 모습은 지금처럼 국경을 닫아버리거나 민주주의를 잃어버린 모습은 아니었을 것이다.

이렇게 전 세계가 단결된 모습을 보이지 못하는 동안 코로나19는 빠르게 확산되어 결국 세계에서 수백만 명이 목숨을 잃었다. 만약 2019년 12월, 코로나 위기가 처음 시작될 조짐을 보였을 때부터 세계가 한마음이 되어 이 문제에 대응했다면, 특히 중국이 이 문제를 감추려고 하는 데 급급한 대신 사실을 알리기 위해 힘썼다면 적어도 지금 같은 최악의 상황은 피할 수 있었을 것이다. 이처럼 위기 상황이 실제로 닥쳐도 국제사회가 협력하지 못한다는 것은, 인류가 기후 문제를 비롯한 여러 시급한 문제를 해결하지 못하고 계속 똑같은 상태에 머무르는 큰 이유 중 하나다.

위기를 겪으면 단점이 보인다. 인간의 삶과 직결된 많은 영역에서까지 비용을 절감하고 이윤만을 추구하는 태도인 '경제화'도 그 단점에 포함된다. 앞서 의약품 운송난이나 필수 의약품 개발이 잘 이루어지지 않는다는 점을 지적했다. 실제로 현재 새로운 항생제 개발이 시급한데도 연구가 진행되지 않는 이유는 단순히 돈이 되지 않기 때문이다. 하지만 인류의 행복보다 이윤의 극대화를 우선해서는 안 된다.

이번 코로나 위기를 통해 우리가 겪었던 것처럼, 인간의 삶을 단순히 경제적으로만 생각하다 보면 인간의 목숨과 직결된 보건체계에 큰 문제가 생길 수 있다. 이런 사례 중 하나가 미국 보건체계다. 극단적으로 이윤을 추구하는 미국의 보건체계는 세계에서 가장 비싸면서도 효율성은 제일 낮다. 미국에서는 건강보험료가 너무 높다 보니 보험료를 지불할 수 없는 사람이 많고, 좋은 약은 가격이 너무 비싸 웬만한 부자가 아니고서는 구경도 할 수 없다. 이런 보건체계하에서 이번 팬데믹은 미국의 가장 어두운 면을 여실히 드러냈다. 미국 뉴욕의 명물이었던 하트 아일랜드가 코로나19 바이러스로 목숨을 잃은 가난한 사람들을 매장하는 '무덤의 섬'이 된 사진은 전 세계로 퍼져나갔다.[64] 그로 인해 신자유주의에 찬성하는 사람들이 항상 하는 말인 '자기 책임'이라는 단어가 결국 무엇을 의미하는지 의

심하는 사람들이 생겼다. 자유의 나라인 미국에는 해고에 대한 보호 조치도 없고, 고용주의 사정으로 근로시간을 단축하거나 해고하는 경우 국가가 일정 수준의 임금을 보장하며 독일에서 경제위기 당시 사회를 안정시키는 역할을 크게 했던 조업단축 수당 같은 사회보장제도도 없다. 그러다 보니 코로나 위기가 확대되자마자 하루아침에 수많은 사람들이 일자리를 잃어 말 그대로 거리에 나앉게 되었다. 이런 구조적인 문제와 더불어 앞서 언급했던 것처럼 트럼프 전 대통령도 코로나 사태 초기에 보좌진들의 경고를 무시한 채 감염 확산에 대비하지 않아 사태를 악화시키는 데에 일조했다. 당시 트럼프 대통령은 상황이 어느 정도 나빠지면 자신이 그 위기를 해결하는 해결사처럼 보이려고 상황을 연출하려 했다는 말도 있다.

독일도 보건체계에 어느 정도 자본의 입김이 닿은 것은 마찬가지다. 독일 병원은 코로나 위기가 발생하기 전부터 이미 한계에 도달한 상태였다. 간호사들은 할 일이 많은데도 급여는 낮았고, 의사와 간호사 인력이 부족해 의료진 모두가 매일 육체적·정신적으로 진이 빠질 수밖에 없었다. 이제 이런 것은 달라져야 한다. 현실이 이렇다 보니 독일 보건이나 간병 분야에서 항상 인력난을 겪고, 우수한 인력은 국내보다는 대우가 훨씬 좋은 스위스나 스칸디나비아 국가로 이주하는 것도 당연하다. 그러니 독일 사람들은 독일 보건 및 간병 분야 종사자들에게 항상 감사하는 마음을 가질 필요가 있다. 결국 우리 사회를 지탱해 주는 것은 경제가 아니라 바로 이런 사람들이다. 그러나 우리가 정말로 감사를 표해야 하는 이들인 의료진과 간병인들에 대한 감사는 항상 뒷전이다. 의료진들은 코로나 대유행이 발생하기 훨씬 전에 보건체계 상황이 위태롭다고 지적했지만, 이들의 말에 귀 기울인 사람은 별로 없었다.

의료계뿐 아니라 우리는 경찰관, 응급구조대원, 소방관, 슈퍼마켓 현금 출납원 등 매일 우리 사회를 지켜주는 이들에 대한 감사도 잊고 살아간다. 반면, 금융계는 심지어 금융위기 당시에도 수백만 달러의 보너스와 인센티브를 받으면서 은행의 파산은 결국 세금으로 막아야 했다. 이처럼 경제가 결코 우리 사회체계를 지켜준 것이 아닌데도 매번 경제가 가장 중요하다고 여겨지는 이상한 사회적 분위기가 있다. 모든 것을 비용과 이윤으로만 계산하는 '사회의 경제화'가 이루어지면서 전 세계 수많은 사람이 고통받고, 환경도 그중 하나다. 환경보다는 일단 경제를 먼저 살리고 보자는 식의 사고방식은 옳지 않다. 경제와 환경은 항상 조화롭게 균형을 이루어야 하며, 건강한 환경과 정상적인 기후 없이는 경제도 절대 발전할 수 없다는 것을 잊지 말아야 한다.

아직도 진행 중인 코로나 위기는 기후 위기와 몇 가지 비슷한 양상을 보이고 있다. 물론 이 두 위기가 서로 확연히 다른 점이라면 우선 위기가 전개되는 속도가 완전히 다르다는 것이다. 코로나19가 몇 주 만에 빠르게 확산된 것과 달리 기후변화는 수십 년에서 수백 년에 걸쳐 일어난다. 그런데 이처럼 전개되는 속도는 서로 다르지만, 사태의 가속화가 큰 영향을 미친다는 점은 같다. 우선 코로나 위기의 경우 아무런 조치를 취하지 않으면 확진자가 며칠 안에 두 배씩 늘어난다. 팬데믹 초기에는 확진자 수가 상대적으로 적었으나 곧 기하급수적으로 증가하는 상황이 되었다.

이런 기하급수적인 증가는 기후변화에서도 찾아볼 수 있다. 20세기에 지구온난화로 인해 상승한 해수면 높이는 전 세계 평균 15센티미터로, 환산해 보면 매년 1.5밀리미터씩 높아진 셈이다. 그런데 20세기 말 위성 측정이 시작된 1993년 이후에만 해도 해수면 높이는 거의 10센티미터가 높아졌다. 이는 해수면이 매년 3.5밀리미터 상승했다는 것으로, 20세기 평균보다 두 배가 넘는 수치다. 학계에서는 앞으로 해수면이 상승하는 속도가 더 빨라질 것이라고 확신한다. 이처럼 확산 속도가 빠르다는 것을 감안하면 결국 코로나19와 기후 위기 모두 아무런 대책을 취하지 않거나 너무 늦게 대응한다면 결국 세계의 운명을 걸고 모험을 하는 것이나 다름없는 것이다. 개인적으로는 인류가 코로나 위기와 기후 위기처럼 우리의 목숨이 달린 위험에 대비하지 않거나, 위기가 온다는 사실을 잘 알고 있으면서도 회피하려고만 할까 봐 걱정스럽다. 학계는 일찍이 이 두 위기의 위험성을 각각 매우 분명하게 지적했지만, 여러 가지 이유로 이런 경고는 흐지부지되고 말았다. 따라서 사실상 아무런 대비가 없는 상태에서는 위기가 시작되는 동시에 재앙이 찾아올 수밖에 없다.

한편 정치인들은 이미 새로운 바이러스가 세계적으로 유행할 수 있다는 사실을 잘 알고 있었다. 2013년 3월 독일 연방의회 관보[65]에는 독일의 질병관리청에 해당하는 로베르트 코흐 연구소Robert Koch Institute의 팬데믹 시나리오가 게재되었는데, 지금 코로나 바이러스가 진행되는 것과 상당히 유사한 모습이었다. 당시 시나리오는 가상의 새로운 병원체 'Modi-SARS' 바이러스로 팬데믹이 촉발된다는 것이었다. 이 연구에서는 보건체계의 과부하를 비롯해 약물, 의료기기, 개인 보호 장비, 소독제 등의 의료 장비가 부족할 가능성에 대해서도 다루었다. 그리고 시나리오가 실제화될 가능성이 얼마나 되는지에 대해서는 '경우에 따라서 가능'이라는, '통계상 보통 100년에서 1,000년에 한 번 발생할 수 있는 일'로 분류했다. 언뜻 보면 발생 확률이 낮다고 생각할 수 있지만 대비할 필요가 전혀 없는 정도는 결코 아니다. 참고로 2011년 후쿠시마 원전 사고도 발생 확률이 극히 낮았지만 사고는 실제로 일어났다. 게다가 1986년 체르노빌 원전 사고에 이어 역대 두 번째로 큰 방사능 누출 사고였다.

발생 가능성은 낮지만 일단 일어나면 재앙으로 이어질 사건들을 사전에 막고, 만에 하나 그런 사태가 벌어지더라도 통제 불가능한 상태까지는 가지 않도록 최대한 대비하는 것이 국가와 사회가 할 일이다. 지금까지 기후를 관찰해 보건대, 어떤 요인이 수천 년에 걸쳐 서서히 변한다고 해도 잠잠하던 지구가 갑자기 반응할 가능성이 있다는 것을 알 수 있다. 그러니 수십 년이라는 짧은 기간에 걸쳐 일어나는 급격한 기후변화는 인류에게 치명적인 영향을 줄 수 있다. 물론 그 확률이 높지는 않더라도, 지구 환경을 구성하는 어떤 요소는 분명 앞으로 수십 년 안에 무너질 가능성이 있다. 그린란드와 남극 대륙의 빙하가 우리가 생각하는 것보다 더 빨리 녹아내린다면 이번 세기 말까지 해수면이 2미터는 더 높아질 수도 있다. 그러니 특히 기후 위기와 관련해 발생 가능성은 낮지만 심각한 피해를 입힐 사고에 대해 미리 대비해 두어야 한다.

기후변화 회의론자들과 이들이 퍼뜨리는 가짜 뉴스는 앞서 말했던 것처럼 국제사회가 기후 위기에 대응하는 것을 방해한다. 안타깝게도 이런 훼방은 기후 문제에서만 나타나는 것이 아니라 코로나 바이러스의 위험성을 논의하는 과정에서도 찾아볼 수 있었다. 전 세계가 코로나 바이러스로 난리가 났을 때, 갑자기 코로나 바이러스가 그렇게 위험하지 않다고 주장하는 사람들이 나타났다.[66] 일부 언론이 이들의 주장을 기사로 다루었고, 그러면서 독일에서만 수백만 명이 잘못된 정보를 진짜라고 생각하게 되었다. 그래서 코로나 바이러스가 퍼졌던 초기에 최대한 사회적인 접촉을 줄여야 한다는 정치인들의 호소도, 마스크를 써야 한다는 의사들의 권고도 믿지 않게 되었다. 게다가 다른 한편에서는 음모론자들이 코로나 바이러스는 누군가 우리를 공격하려고 의도적으로 만들어낸 바이러스라는 말도 안 되는 주장을 인터넷상에 퍼뜨리고 있다. 문제는 이런 사람들이 자기 혼자서만 이런 생각을 하는 것이 아니라 이 주장을 퍼뜨려 다른 사람들의 생각까지도 바꿔놓을 수 있다는 것이다. 그러니 이제는 이런 사람들이 잘못된 주장을 퍼뜨리는 것을 막을 방법을 찾을 때다.

그리고 또 조심해야 할 것은, 너무 성급하지 않아야 한다는 것이다. 일단 급한 불은 껐다는 생각이 들면, 빨리 문제를 마무리 짓고 싶다는 생각이 들 때가 있다. 이번 코로나 위기가 무사히 마무리되면 우리는 여기서 교훈을 얻어 그 외에 우리가 처한 여러 문제들을 해결하려고 노력해야 한다. 이때 경제를 살리는 것에만 집중하는 것은 옳지 않다. 경제를 되살리겠다고 기후와 환경 보호 또는 세계의 지속 가능한 발전을 위한 노력을 일단 보류하는 것은 정말 잘못된 태도다. 경제를 소홀히 하라는 말이 아니다. 경제를 되살리기 위한 노력도 지속가능성의 원칙을 지키면서 이루어져야 한다는 말이다. 그러지 않는다면 지금 당장은 경제를 살릴 수 있어도 금세 기후 붕괴와 같은 더 심각한 위기가 닥쳐올 수 있다.

따라서 우리는 이번 위기를 기회로 삼아 세계경제 체계를 개혁하고, 무엇보다도 사람들을 위하는 데에 중점을 두고 경제 활동을 해야 한다. 우리 사회에 불의가 절대로 자리 잡지 못하게 내몰아야 하며, 노동에 대한 정당한 대가를 지불하는 것도 이런 실천 중 하나다. 또한 더 잘살겠다고 환경에 부담을 주는 일도 더는 없어야 하며, 천연자원을 소비하지 않고도 성장할 수 있는 경제 구조를 만들어야 한다. 정상적인 기후, 생물다양성, 건강한 바다는 인간의 행복한 삶에 기본 조건이다. 위기가 끝난 후 당장 경제를 재건하는 것이 더 중요해 보인다고 환경을 못 본 척해서는 안 된다. 예를 들어, 독일의 경우 탄소를 배출할 때 그에 대한 처리 비용도 함께 지불하는 탄소 가격제를 도입하거나 아예 탄소를 배출하지 않는 경제체제를 만들어야 한다. 그런데 시민들도 이런 조치를 요구하고 있는데, 정작 실제로 이루어지는 조치는 없다. 이는 유럽 차원에서도 마찬가지인 게, 유럽연합은 당초 2050년까지 기후중립대륙이 되겠다며 야심 차게 '유럽 그린 딜'을 발표했었지만 최근 이 계획을 전면 재검토하겠다고 했다.[67] 이런 식의 말 바꾸기는 옳지 않다. 이런 태도는 결국 장기적으로 우리 사회를 위기에 취약하게 만들 것이다. 적어도 다 알고 있으면서도 스스로를 속이는 일은 하지 말자. 지구온난화를 멈추려는 노력이 없다면 지구는 통제할 수 없는 상황에 빠져들게 된다. 지금 경제가 아무리 큰 타격을 입었어도 일단 코로나 위기가 끝나고 나면 어쨌든 되살릴 수 있다. 하지만 기후가 무너지면 그럴 기회는 없다.

한편 위기는 새로운 기회가 되기도 하는데, 디지털화의 발전도 그중 하나였다. 물론 세상에는 아직도 디지털화를 두려워하는 사람도 많지만, 디지털화는 우리가 코로나 위기에 대응하는 데 도움을 주었다. 전에는 디지털화나 첨단기술을 부정적으로 받아들이던 사람들도 생각을 바꿔 이를 유익한 것으로 받아들이는 계기가 된 것이다. 예를 들어, 사회적 거리두기로 외출을 자제하는 중에도 디지털 기술을 통해 가족이나 친구들과 연락을 계속 유지할 수 있었던 것이 사람들의 인식을 긍정적으로 바꿔놓는 데 일조했다. 많은 사람들이 코로나 위기 속에서도 직업을 잃지 않고 집에서 일을 할 수 있게 한 것도 디지털 기술 덕분이었다. 심지어 재택근무를 하면서 긴 출퇴근의 스트레스에서 벗어나는 사람도 많았다. 앞으로 재택근무가 늘어나면 수도권 인구 밀집 지역의 교통난을 해결할 수도 있을 것이다. 재택근무가 활성화되면 업무 스트레스도 줄어들고, 대기질과 기후에도 좋은 영향을 미친다. 그 밖에도 코로나 위기 기간에는 대면회의가 화상회의로 대체되었는데, 실무진 회의는 물론 규모가 큰 국제회의까지 온라인으로 개최되었다. 이런 온라인 회의는 육로나 항공 교통 등 지역 간 이동을 상당히 줄이는 데 도움이 되었다.

등교를 하지 않아도 학교 수업과 대학 강의도 완전히 중단되지 않았는데, 대학 강의는 온라인으로 대체되었으며, 중고등학교에서도 직접 학교에서 만나지는 못해도 친구를 사귀고 함께 공부하며 친해질 수 있었다. 또 디지털 학습이 완전히 평등한 새로운 기회를 열어준 측면도 있다. 어린이부터 대학생까지 노트북만 있으면 전 세계 어디서나 별도의 장비나 재료 없이도 가상 실험을 할 수 있는 것이다. 이처럼 이러닝은 누구나 동등한 교육의 기회를 가지고 더 공정한 세상으로 나아가기 위한 시작점이며, 이번 코로나 위기로 엄청난 추진력을 얻었다. 이처럼 우리는 위기를 기회로 바꿀 수 있다.

4부

우리가 해야 할 것

우리에게는 빠른 격변이 필요하다

지구가 위험할 정도로 뜨거워지는 것을 막으려면 삶의 모든 영역에서 생각을 완전히 바꿔야 한다. 시간은 계속 흘러가므로 서둘러 노력해 늦어도 이번 세기 중반까지는 화석에너지 사용을 중단하고 신재생에너지로 완전히 전환하는 등 전 세계에너지 체계를 완전히 바꿔버리는 큰 변화를 이루어야 한다. 물론 쉽지 않은 일이고, 이런 큰 변화를 두려워하는 사람이 많다는 것도 당연하다. 변화를 두려워하는 사람들은 변화가 자신이 알던 모든 것을 바꿔버리는 게 두려운 것이다. 하지만 전 세계는 늦어도 2038년, 가능하다면 2035년까지는 석탄을 통한 에너지 생산을 완전히 멈춰야 한다.[1]

독일 사회에서는 예전에 석탄에너지 사용을 완전히 멈추는 탈석탄을 둘러싸고 열띤 논쟁을 벌였는데, 만약 독일이 탈석탄에 성공한다면 전 세계 차원의 에너지 전환도 훨씬 더 빨라질 수 있다. 독일은 이미 몇 년 동안 여러 나라에 상당량의 전기를 수출하고 있는데, 2019년에는 러시아의 1.4테라와트시를 제치고 7.2테라와트시의 전기를 수출하며 유럽 최대의 전기 수출국이 되었다. 전기 수출로 인한 흑자는 2016년 1월과 비교해 13퍼센트 늘었는데, 이렇게 수출된 전기의 74퍼센트[2]는 갈탄으로 생산된 전기다. 그러니 독일이 빨리 석탄에너지에서 탈피하고 신재생에너지 사용률을 높인다면, 나중에 전 세계가 함께 석탄 사용을 멈췄을 때 에너지난을 겪을 일도 없을 것이다.

물리학은 인간이 타협하거나 협상할 수 없는 영역이고, 자연도 마찬가지로 우리가 타협할 수 없는 대상이다. 그러니 독일 정치계의 소위 '석탄 타협'은 석탄 사용을 단계적으로 줄여나가겠다고 체결한 것이지만, 사실상 탈석탄 시점을 늦추기 위해 이루어진 전형적인 정치적 타협이었다. 이 타협은 여러 측면으로 정치계와 산업계가 빠져나갈 구멍을 열어두는 역할을 했다. 이 타협에서 약속한 조항들은 결국 단순한 권고에 불과하며, 독일 정부에 어떠한 의무도 지우지 않는다. 실제로 독일 정부는 석탄위원회의 제안을 제대로 이행하지도 않았다. 예를 들어 독일은 석탄 타협에서 약속했던 것과 달리 이 타협 체결 후에 대기 중에 1억 3,000만 톤 이상의 이산화탄소를 방출했다.[3]

또한 독일의 석탄 타협은 전 세계에 잘못된 영향을 주었다. 에너지 믹스에서 석탄이 거의 80퍼센트에 달하는 폴란드 같은 국가들이 독일도 아직 석탄에너지를 계속 쓰고 있지 않느냐며 핑계를 댈 수 있게 된 것이다. 폴란드는 2050년까지도 에너지 생산에서 석탄의 비율을 50퍼센트까지 유지하고자 한다. 만약 전 세계가 파리기후협정의 목표를 진짜 달성할 생각이 있다면 지금 같은 속도로는 어림없다. 환경 보호는 우리가 평화롭게 잘살기 위한 기본 틀이다. 그리고 이 평화로운 삶이 보장되면 우리가 생존을 위해 환경을 파괴할 필요성이 사라지기 때문에 자연히 환경이 보호될 수밖에 없다.

사람들이 변화를 두려워하는 것은 충분히 이해가 되지만, 종종 이유 없이 무작정 겁을 내는 사람들도 있다. 많은 사람들이 두려워하고 있는 기술 변혁은 설령 이런 변화가 수년에서 수십 년 동안 매우 빠르게 일어나더라도 우리에게 재앙이 아닌 축복이 될 수 있다. 유선전화에서 휴대전화, 나아가 스마트폰으로 전화기가 발전한 것도 매우 빠르지만 모두가 잘 적응했던 좋은 변화였다. 1983년 6월 13일 모토로라는 세계 최초의 휴대전화 다이나택 8000 Dynatac 8000을 출시했는데, 당시 이 모델의 무게는 약 800그램, 길이는 33센티미터였다. 지금 우리가 사용하는 스마트폰과 비교하면 엄청 크고 무거웠으니 반세기도 안 되는 동안 엄청난 변화가 일어난 것이다. 그때만 해도 통신기술이 이렇게 빠르게 변할 거라고 예상한 사람은 거의 없었다. 하지만 오늘날 스마트폰은 우리 삶의 필수이자 디지털 세계의 핵심이 되었고, 우리가 코로나 위기를 겪는 동안에도 큰 도움이 되어 주었다.

우리가 아무런 대응도 하지 않는 사이 지나간 시간을 만회

하려면 적어도 이제부터는 기후 보호를 급진적이라고 느껴질 정도로 빠르게 추진해야 한다. 기후가 진짜 변할 때까지 마냥 기다리고만 있기에는 이미 너무 오래 기다렸다. 우리가 마음만 먹으면 급진적인 변화는 가능하다. 화석연료를 기반으로 하는 지금의 세계경제에 대안이 없는 것도 아니다. 신기술을 활용해 빠른 전환을 이루는 것도 가능하다. 분명 과거에도 비슷한 경험이 있었다.

여기서 잠시 과거로 돌아가 보자. 지금으로부터 100년 전 말이 끄는 수레가 자동차가 되기까지 걸린 시간은 10여 년에 불과했다. 정치계와 경제계에서는 인정하려고 하지 않지만, 지금 전 세계 교통수단이 근본적으로 변하고 있다. 디젤 금지를 둘러싸고 벌어진 논쟁은 우리가 옛날 기술에만 너무 매달리고 있으며, 전기차라는 청정한 교통수단이 이미 나와 있는데도 사용하지 않는다는 것을 보여주었다.

내연기관이 달린 자동차에는 이제 미래가 없다. 미래에는 지금처럼 자동차와 같은 운송수단이 각각 움직이는 것이 아니라, 도시 전체가 디지털화되고 교통수단도 그 체계 안에 포함되어 함께 움직일 것이다. 이런 새로운 세상에서는 전기를 연료로 사용하며, 질소산화물이나 이산화탄소와 같은 해로운 오염물질을 배출하지 않는 친환경 자율 주행이 중요한 역할을 할 것이다.

그 밖에도 인류는 지금처럼 물건을 쉽게 버리지 않고 아껴 쓰며 쓰레기 배출을 줄일 필요도 있다. 환경과 기후를 보호하는 것은 지금 그 어느 때보다 시급하다. 환경 보호를 소홀히 하는 것은 결국 경제에도 해로운 일이다. 그러니 환경 보호 및 기후 보호를 혁신의 원동력이자 더 나은 세상으로 나아가는 방향으로 삼아야 할 것이다.

또 환경과 기후를 보호하는 것은 세계의 정의를 지키는 길이기도 하다. 이제는 잘사는 국가들도 이 사실을 깨닫고 가난한 국가를 더 이상 착취하지 않으며, 선진국과 개발도상국 등 모든 국가가 공정하게 협력해야 한다. 그래야 전 세계가 한마음이 되어 같은 목표를 위해 노력함으로써 우리의 미래를 희망적으로 바꿀 수 있다. 그러면 인류는 분명히 기후 문제를 비롯해 현재 우리가 직면한 세계의 큰 문제들을 해결할 방법을 찾을 것이다.

한번 생각해 보자. 다음 세대에게 어떤 세상을 물려주고 싶은가? 우리의 이기적인 행동과, 뒷일은 상관하지 않는 태도의 대가를 다음 세대가 치러야 하는 세상? 우리가 한 행동에 책임을 지는 대신 단순히 문제를 무시하고 미루어 결국 책임을 다음 세대에 떠넘기는 세상? 지구의 소중한 자원은 남김없이 써버리고 세계경제는 마비된 세상? 자연은 거의 파괴되어 사라지고 열악하게 재앙 속에 살아야 하는 세상? 식수가 부족해 무

력 충돌이 일상이 되고 엄청난 난민이 발생하는 세상일까? 생
각해볼 필요가 있는 문제다.

기후 정책일까, 말장난일까?

만약 정치인들에게 기후 문제를 해결할 마음이 아직도 있다면, 참으로 큰 숙제를 안고 있는 셈이다. 인류가 기후에 영향을 미치는지에 관한 논쟁은 이미 1970년대부터 시작됐다. 그당시에도 인간 활동의 두 가지 요인이 지구의 온도 상승에 영향을 미친다는 점은 분명히 드러났다. 그중 하나는 특히 지구 온도를 높이는 이산화탄소를 포함한 온실가스이고, 다른 하나는 냉각 효과를 일으키는 에어로졸이다. 그리고 이 두 가지를 발생시키는 주원인이 바로 화석연료의 연소다.

1970년대 말 과학계에서는 비록 1940년도에 지구 온도가 다소 내려가기는 했지만([그림 1]) 앞으로는 지구 온도가 급격하게 내려갈 위험이 없다는 것이 정설로 자리 잡고 있었다. 학계는 그때부터 이미 인류의 온실가스 배출을 가장 심각한 기후 문제로 인식하고 있었고, 지구 온도가 지나치게 높아지면 극단적 기상현상이 증가하고 해수면이 몇 미터는 높아지리라는 것도 짐작하기 시작했다. 인간이 앞으로 기후에 과연 어떤 영향을 미칠지에 대한 우려와 기후 역학에 관한 불완전한 지식을 보완하기 위해 과학자들은 1975년 독일 함부르크에 세계 최고의 기후연구소 중 하나인 막스 플랑크 기상연구소[4]를 설립하기도 했다.

기후변화에 대한 학술적 연구 결과가 나오고 대기 중 이산화탄소가 증가하면서 유엔 산하의 세계기상기구WMO가 조직한 제1차 유엔기후변화협약 당사국 총회COP[5]가 1979년 스위스 제네바에서 개최되었다. 이 국제회의에는 기후와 인류 문제의 전문가들이 참석했는데[6], 회의 말미에 발표된 최종 선언문에서는 세계 각국이 기후에 관해 알고 있는 지식을 총동원하고 그 지식수준을 높이기 위해 노력할 것이며, 인간에 의해 유발된 기후 변화는 결국 인류의 행복한 삶에 부정적인 영향을 미칠 수 있으니 이를 예측하고 피해야 한다고 촉구했다.

1988년에는 기후변화에 관한 정부 간 협의체IPCC가 설립되었다. 그 후 국제사회는 지구정상회의라고도 알려진 1992년 리우 지속가능성 정상회담에서 기후변화에 관한 유엔 기본 협약을 통해 지구의 온도 상승을 제한하기로 합의했다. 이 협약의 궁극적인 목적은 '대기 중 온실가스 농도를 안정화하여 기후 체계가 위험하지 않은 수준으로 유지하는 것'이었다.[7] 기후과학에서는 지구 온도가 산업화 이전보다 2도 이상 높아지면 위험한 수준의 기후변화가 시작된다고 가정하며, 그 이후에는 이미 티핑 포인트를 넘어서 돌이킬 수 없게 될 가능성이 급격하게 높아진다고 본다. 게다가 바다가 이산화탄소를 너무 많이 흡수해 과도하게 산성화되면 세계가 안정적으로 식량을 얻기도 어려워지는 등 육지와 바다 생태계에서도 예측할 수 없는 일들이 추가적으로 발생할 수 있다.

리우 기후회의에서 합의했던 내용은 이행되지 못했다. 리우 회의 이후 1995년 베를린에서 제1차 유엔기후변화협약 당사국 총회COP1가 개최되었고, 그 후로도 주기적으로 총 20회의 당사국 총회가 개최되었다. 이런 와중에도 대기 중 이산화탄소 함량은 계속 신기록을 경신하고 있었다. 과학자의 시선으로 보기에 이 과정은 도무지 이해할 수 없을 정도로 너무 느리다. 196개 협약 당사자, 즉 195개 협약 당사국과 유럽연합*은 리우 회의가 개최된 지 약 25년이 지난 2015년 파리 제21차 유엔기후변화협약 당사국 총회[8]에서 마침내 파리기후협정을 맺고 산업화 이전과 비교해 지구 온도가 2도 이상 높아지지 않게 하자는 데 합의했고, 나아가 지구의 온도 상승을 1.5도까지 제한하기 위한 노력에 대해서도 합의했다. 수많은 국가에서 파리기후협정의 비준은 기록적인 속도로 빠르게 이루어져 그 후 채 1년도 지나지 않은 2016년 11월에 협약이 발효될 수 있었다. 하지만 파리기후협정의 목표를 구체적으로 어떻게 달성할 것인지 정해진 것은 거의 없었다. 파리기후협정은 각국이 자발적으로

---

* EU 내에는 마치 대사관처럼 각국을 대표하는 대표단이 있는데, 현재 이 대표단 인원은 총 196명이다.

의무를 지키는 것을 원칙으로 하는데, 결국 이런 점 때문에 파리기후협정의 목표를 달성하기는커녕 지구 온도는 산업화 이전과 비교해 3도는 올라갈 것으로 예측되고 있다.[9]

파리기후협정의 목표, 즉 지구 기온 상승을 1.5도 내지는 최소한 2도 미만으로 제한하기 위해 마련한 이산화탄소 목표 배출치와 실제 실천 사이의 간극을 보통 '야망의 격차'라고 하는데, 이런 격차가 하루빨리 사라지고 진정한 실천이 이루어져야 한다. 하지만 아무런 진척도 없는 지금 상황을 보면 이런 모든 약속이나 협정은 결국 전부 말장난이라고밖에 생각되지 않는다. 우리가 온실가스 배출량을 빠르게 줄이지 않는 경우 지구에는 정말로 사람이 살 수 없을 정도로 온도가 높은 '열기'가 도래할 위험이 높다는 것을 고려하면, 말이 안 되는 일이다.

지금 세계정치가 이렇게 아무런 조치도 취하지 않는 것은 사실상 문제를 해결할 능력이 없다고 볼 수밖에 없다. 특히 현재 산업화 이전과 비교해 지구 온도가 이미 1도 이상 높아졌다는 것을 감안하면, 지금까지 파리기후협정에서 약속한 내용을 지키지 않았는데 이제 와서 그 약속을 지킬지도 의문이다. 그러니 우리는 지금 기후 재앙을 향해 말 그대로 전력질주하고 있다. 인간이 기후변화에 영향을 미친다는 것을 아는데도 기후회의나 세계경제회담의 실제 성과가 부진한 것만 봐도 알 수 있듯, 정치계와 경제계는 아직도 망설이고 있는 것이다. 부수적인 개별적 조치 말고 진짜 제대로 된 조치는 아직 아무것도 없다. 기후회의에 참석하는 각국 정상들은 회의가 끝날 때마다 서로 어깨를 두드려 주며, 자기네들끼리 상당한 진전을 이뤄냈다고 격려나 하고 있다. 그러는 사이 지난 수십 년간 전 세계 이산화탄소 배출량이 말 그대로 '폭발적으로' 증가했고, 1990년대에 들어서면서는 이산화탄소 배출량이 60퍼센트 이상 증가했다.[10] 그리고 이산화탄소 배출량은 2019년에 또다시 최고치를 경신했다.[11] 그러니 기후 정책만큼 목표와 현실이 동떨어진 분야도 없을 것이다. 물론 지금까지 이런 미미한 조치라도 취하지 않았다면 상황이 더 나빠졌을 거라고 하는 사람도 있겠으나, 이런 말은 그냥 마음의 위안밖에 되지 않는다. 세계정치, 특히 경제계는 기후 문제에 대응하는 속도를 높여야 한다. 단순히 공지 사항을 전달하듯 알리는 것만으로는 충분하지 않다.

인간에 의해 발생한 지구온난화는 이 세계에 이미 매우 다양하고 두드러진 영향을 미치고 있으며, 우리 시대의 가장 큰 문제 중 하나다. 아마 인류가 이제까지 경험하는 것 중 가장 큰 문제일 수도 있겠다. 왜냐하면 기후 문제는 모든 국가에 영향을 미치는 동시에 모든 국가가 함께 나서야만 해결할 수 있는 전 지구적 문제이기 때문이다. 세계정치가 아직 제대로 기후 문제를 다루고 있지 않지만, 그럼에도 이는 우리의 생존이 달렸으니 반드시 해결해야 하는 문제다. 수도 없이 많은 기후 회의를 개최했고, 또 시간은 점점 흘러가고 있는데도 아직도 세계정치가 기후 위기에 제대로 된 조치를 취한다는 느낌은 들지 않는다. 기후회의가 시작된 지도 벌써 거의 30년이 지났지만 인류는 아직도 갈피를 잡지 못하고 있으며, 실제로 온실가스 배출량이 감소하고 있다는 징후도 찾아볼 수 없다.

기후 정책이 실천으로 이어지지 않는 이유는 무엇일까? 원칙적으로 기후 문제에 대한 책임은 모든 사람에게 있다. 특히 대기 중으로 배출하는 온실가스의 양이 상대적으로 많은 편인 선진국 국민이라면 더 그렇다. 2018년의 수치를 예로 들어 보자.[12] 미국 인구가 전 세계 인구에서 차지하는 비율은 4.4퍼센트에 불과한 반면, 미국이 배출한 이산화탄소는 전 세계 배출량의 약 15퍼센트를 차지했다. 독일 인구는 전 세계 1퍼센트지만, 이산화탄소는 2퍼센트 배출했다. 반면 인도 인구는 전 세계의 거의 18퍼센트에 달하는데도 이산화탄소 배출량은 7퍼센트에 불과했다. 이산화탄소 배출량이 28퍼센트로 전 세계에서 가장 높은 국가인 중국의 인구는 전 세계의 19퍼센트도 되지 않는다. 따라서 한 나라의 이산화탄소 배출량과 그 나라에 사는 사람들의 1인당 배출량 사이에는 엄청난 차이가 있다. 미국인의 연간 1인당 이산화탄소 배출량은 약 16톤이고, 독일은 10톤에 약간 못 미치며, 인도는 2톤에 불과하다. 1인당 이산화탄소 배출량이 낮은 국가가 형평성 문제를 제기하는 것도 당연한 일이다. 이처럼 배출량이 낮은 국가들은 보통 개발도상국이나 신흥국인데, 이들 역시 앞으로 수년간 혹은 수십 년간 국가를 발전시키고 잘살게 되기를 원한다.

그러면 이런 나라들은 어떤 식으로 발전을 이루어야 할까? 이들도 선진국과 같은 길을 걸어, 탄소 사용을 통해 경제를 발전시켜 지구온난화를 가속화해야 공평한 걸까? 2018년의 1인당 이산화탄소 배출량이 약 2톤 정도였던 인도의 경우를 예로 들어 보자. 모든 인도인이 독일인만큼 이산화탄소를 배출한다면 인도의 1인당 이산화탄소 배출량은 거의 5배가 늘어나는데, 그러면 인도는 중국을 제치고 세계에서 이산화탄소를 가장 많이 배출하는 국가가 된다. 그러니 선진국은 개발도상국과 신흥국이 어떻게 하면 지속 가능한 발전을 이룰 수 있을지 적절한 답을 찾아야 한다. 분명한 것은, 선진국이 이들의 지속 가능한 발전을 재정적으로 대폭 지원해야 한다는 것이다.

기후 보호에 대한 공정성 문제에는 또 다른 측면도 있다. 한 국가의 현재 온실가스 배출량에는 역사적 책임이 전혀 반영되어 있지 않다는 것이다. 역사적 책임이란 수십 년간의 배출량을 모두 합한 누적 배출량을 말하는데, 온실가스가 대기 중에서 사라지지 않고 오랫동안 남기 때문에 이런 책임을 고려해야 한다. 예를 들어, 우리 부모와 조부모 세대가 배출한 이산화탄소 중 일부는 아직도 사라지지 않고 대기 중에 남아 지구온난화에 계속 영향을 미치고 있다. 중국이나 인도와 같은 신흥국이 비교적 최근에야 온실가스를 대량으로 배출하기 시작한 반면, 선진국은 지난 수십 년간 온실가스를 배출해 왔다. 예를 들어 중국은 2005년에야 미국을 제치고 이산화탄소 배출량 1위 국가가 되었는데, 이처럼 개발도상국은 최근까지도 온실가스를 거의 배출하지 않았다. 다시 말해 대기 중 온실가스 농도가 높은 것과 지구온난화가 이렇게 심해진 것은 주로 산업화된 선진국의 책임이다. 지금까지 지구의 기온이 상승한 것도 절반은 미국과 유럽연합 28개 국가들*의 책임이 크다.[13] 선진국들은 기후를 희생시켜 부를 얻었지만, 기후를 위한 의무는 실천하지 않으려고 한다. 오히려 그 반대로 수많은 선진국이 책임을 회피하려고 이산화탄소를 배출하는 사업은 개발도상국으로 사업장을 옮기는 등 마치 자국은 이산화탄소를 별로 배출하지 않는 나라인 것처럼 숨기려고 온갖 수를 쓰고 있다.

매년 기후정상회담을 하면서도 진전이 이루어지지 않는 이유도 대다수 선진국이 기후 보호를 거부하기 때문이다. 미국이 만든 선례를 따라 다른 나라들도 파리기후협정에서 탈퇴할 가능성이 있다는 것을 고려하면, 앞으로 몇 년간 국제적 기후

---

* 2019년 기준 EU 회원국은 모두 28개국으로 EU 탈퇴를 선언한 영국도 여기에 포함된다.

보호는 심지어 퇴보할 수도 있다. 예를 들어 중국은 지난 수십 년간 선진국이 이전에 했던 대로 화석연료에 기반한 제조업으로 큰 경제발전을 이루었다. 그러면서 부국이 된 중국의 이산화탄소 배출국 순위도 크게 높아지고 있다. 그런데 중국과 같은 신흥국에서는 국내 시장뿐 아니라 해외 시장을 위한 아웃소싱 생산도 이루어지고 있다. 이처럼 아웃소싱 생산에 의해 발생하는 소위 '회색' 배출의 책임 소재를 두고 선진국과 개발도상국 및 신흥국 사이에서는 또 다른 갈등이 생겨난다. 지금은 생산이 이루어지는 국가의 이산화탄소 배출로 집계되고 있지만, 사실 생산을 위탁하는 국가가 그 책임을 지는 것이 맞다. 그 밖에도 중국은 엄청난 경제성장을 이루었음에도 기후회의에서는 항상 자국을 개발도상국이라고 주장하며 많은 특권을 누리고 있다. 이것이 특히 미국 입장에서 눈엣가시임은 말할 필요도 없다.

미국과 중국 두 나라가 배출하는 이산화탄소의 양은 전 세계 배출량의 40퍼센트가 넘는다. 그리고 호주나 사우디아라비아 등의 국가는 경제적 이익에만 집착해 석탄이나 석유를 어떻게든 팔려고 한다. 그러니 호주와 사우디아라비아가 기후 협상을 막으려 한다는 것도 그다지 놀라운 일이 아니다. 이처럼 복잡하게 뒤얽힌 현재 상황으로 보면, 국제사회가 앞으로 몇 년 안에 기후변화협약 당사국 총회에서 세계 기후를 구하기 위한 의무적 조치를 마련하자는 합의를 도출할 가능성은 매우 희박해 보인다. 따라서 모든 국가가 야심 찬 기후 보호 목표에 자발적으로 동의할 때까지 기다릴 게 아니라 일단 기후 보호 의지가 있는 국가들끼리 동맹을 맺어 밀고 나가야 한다.

지난 수십 년간 독일의 온실가스 배출량은 사실 전 세계 기준으로 보면 그렇게 많지 않았다. 그럼에도 불구하고 독일은 2020년에 1990년 대비 온실가스 배출량을 40퍼센트 줄이겠다는 자체 기후 목표를 달성했는데, 이미 2019년 말에 배출량을 35.7퍼센트 줄인 상태였다.[14] 1990년에 독일이 통일된 이후 구동독 지역의 산업이 붕괴되면서 1990년부터 1995년까지 이산화탄소 배출량이 급감했다.[15] 하지만 그 이후 이런 감소 추세는 다시 약해졌고, 2010년 이후에는 배출량이 거의 일정하게 유지되었으며, 감소가 있다 해도 적은 수준이었다. 그러다 놀랍게도 2019년에 독일의 온실가스 배출량이 5,000만 톤 이상 감소하며, 2018년 대비 약 6퍼센트가 감소했다. 누구도 예상하지 못했던 결과였고, 이렇게 이산화탄소 배출이 급격히 감소함으로써 2020년까지 달성하고자 했던 배출 목표에 도달할 수 있었다. 코로나 위기도 이 목표 달성에 조금은 기여했다. 독일도 기후 보호에 대해 많은 비판을 받고 있지만, 그럼에도 독일이 기후 보호를 가장 진지하게 생각하는 국가 중 하나라는 것은 분명하다. 독일은 신재생에너지법EEG을 제정했는데, 이를 통해 신재생에너지에 보조금을 지급하는 방식으로 신재생에너지 가격을 재래식 에너지와 비슷하거나 심지어 더 낮은 수준으로 대폭 낮춰 경쟁력을 갖추게 하였다. 이 법은 다른 나라에도 영향을 주어 결국 오늘날 세계 전역에서 신재생에너지가 활용될 수 있는 토대로 작용했다. 다른 나라에서도 이런 독일의 모델을 따랐는데, 특히 중국에서 큰 인기를 끌어 2018년 중국의 전기 생산량 중 신재생에너지 발전소 전기 생산량이 차지하는 비중이 거의 40퍼센트에 달했다.[16]

2019년에 독일의 이산화탄소 배출량이 예기치 못하게 감소한 이유 중 하나는 2018년 초 유럽연합 의회에서 각국에 기본적으로 부여하는 탄소배출권 할당량을 축소하면서 탄소배출권 가격이 상승했기 때문이다. 탄소배출권 가격은 2017년까지 톤당 5유로였지만, 2018년부터 상승하기 시작해 2019년에는 20유로를 훨씬 웃돌았다. 그러면서 석탄의 경제성이 낮아진 반면 석탄보다 이산화탄소를 훨씬 적게 배출하는 천연가스의 인기가 높아졌다.[17] 그 외에 2018년에서 2019년으로 넘어가는 겨울에 경제 상황이 좋지 않았고 날씨도 따뜻해 난방유 소비가 적었던 것도 하나의 이유였다. 다만 육상 풍력발전소는 이제 더 이상 건설할 부지가 거의 없는 단계이고, 신재생에너지를 수송하기 위한 전력망 확대도 진척이 없으며, 2022년에는 마침내 완전한 탈원전이 예정되어 있다는 점이 변수다. 즉, 앞으로 신재생에너지 공급이 어려워져 몇 년 안에 석탄의 비중이 다시 늘어날 수도 있다는 것이다. 그러니 독일은 신재생에너지를 확대하기 위한 노력에 다시 속도를 내야 한다. 지금 풍력과 태양광 발전을 확대하는 속도가 높아지는 에너지 수요를 따라가기 어렵기 때문이다. 그러지 못한다면 친환경 에너지가 부족해져 장기적인 기후 목표 달성이 위태로워질 수 있다.

2021년부터 적용되는 새로운 탄소배출권 가격은 톤당 25유로로 아직도 낮지만, 원래 가격이 톤당 10유로였다는 점을 고려하면 상당히 높아진 것이다. 일전에 나는 한 방송 인터뷰에서 톤당 10유로라는 가격은 지구 기후를 안락사하는 조치나 다름없다고 비판하기도 했었다. 그러니 코로나 위기가 끝나고 나서 독일이 탄소배출권 가격을 더 높이는 데에 힘을 쏟기보다 위기를 복구하는 데에만 집중한다면 나중에 지구 기후에 치명적인 결과로 돌아올 것이다.

탄소배출권 가격을 높이는 것은 앞으로 온실가스를 배출하는 것이 더 이상 무료가 아니라는 분명한 신호를 보내는 동시에 기술 혁신을 유도하는 기능을 한다. 탄소가격 책정에서 독일보다 훨씬 앞서 있고 이미 큰 성공을 거둔 국가들도 있다. 예를 들어, 스웨덴은 1991년부터 탄소 배출 시에 지불해야 하는 탄소세를 도입했다. 처음에 톤당 24유로였던 탄소세는 어느새 115유로까지 높아졌다. 국민들도 이 가격을 받아들였고,

유류세 가격에 반대하는 폭동도 없었다. 그리고 스웨덴 정부는 탄소세로 얻은 이 수익을 복지제도 등을 지원하는 데 사용했다. 그러면서 다른 부문의 세금이 줄기까지 했다. 결국 탄소세는 스웨덴 경제에 타격을 주지도 않았을뿐더러, 오히려 그 반대로 복지는 늘리고 세금은 줄였다. 스웨덴의 사례만 봐도 탄소세와 높은 경제성장이라는 두 단어가 서로 모순되지 않았다는 것을 잘 알 수 있다.

그럼에도 불구하고 전 세계적 차원으로 보면 역시 기후 보호 전망은 좋지 않다. 스웨덴·독일과 같은 국가의 사례는 극소수의 예외일 뿐이다. 트럼프 대통령이 집권하던 당시 미국은 공식적으로 기후 보호를 포기했고, 트럼프 대통령은 자신의 공약대로 파리기후협정에서 탈퇴했다. 게다가 지금까지 이산화탄소 배출이 거의 없던 개발도상국에서도 이산화탄소 배출량이 놀라운 속도로 증가하고 있는데, 인도도 그중 하나다. 인도는 인구가 10억 명이 넘지만 유럽연합 국가 전체의 배출량을 합친 것보다 이산화탄소를 적게 배출하고 있다. 그런데 앞으로 몇 년 안에 이 추세가 달라질 가능성이 있다.

선진국들은 재정도 넉넉하고 신재생에너지 분야에서도 엄청난 기술 발전을 이루었지만 그럼에도 불구하고 이산화탄소 배출량을 크게 줄이지 못하는 상황이다. 호주는 기후나 지리가 태양에너지 및 풍력에너지 발전을 하기에 아주 적합한 환경이지만 화석연료 사용량이 많아 이산화탄소 배출량이 1990년과 비교해 오히려 약 30퍼센트 늘었다. 전 세계가 리우 기후변화협약과 파리기후협정의 목표를 준수한다는 것은 아직 먼 얘기다. 하지만 너무 늦은 건 아니다. 우리는 아직 기후 재앙과의 싸움에서 패배하지 않았다. 다만, 행동할 수 있는 시간은 얼마 남지 않았다.

기후 문제, 다르게 전달하자

마지막으로 기후 문제를 대중에게 어떻게 전달하는 것이 적절한지 알아보자. 기후 문제를 적절하게 전달하는 목적은 사실을 토대로 기후 문제를 알려 온실가스 배출을 빠르게 줄이자는 것이다. 지구온난화와 그로 인해 일어나는 영향은 지난 수년간 언론이 가장 중요하게 제기한 문제 중 하나였다. 비록 기후변화 회의론자들의 전혀 과학적 근거가 없는 주장을 과도하게 조명하기는 했지만 어쨌든 언론은 나름대로 제 역할을 했다.

2019년 9월 23일 미국 뉴욕에서 '유엔 기후행동 정상회의 Climate Action Summit'[18]가 개최되기 며칠 전, 전 세계 주요 언론들이 공동 결성한 국제 저널리즘 이니셔티브인 '커버링 클라이밋 나우 Covering Climate Now'[19]는 기후변화 문제에 주목했다. 커버링 클라이밋 나우는 뉴욕에 있는 컬럼비아 대학 저널리즘 스쿨에서 발간하는 매거진 「컬럼비아 저널리즘 리뷰」와 미국의 주간지 「더 네이션」이 공동 결성한 단체다. 전 세계 250개 이상의 언론사와 베를린 공대[20]를 포함한 수많은 학술 기관이 이 이니셔티브에 동참하고 있으며, 뉴욕 기후행동 정상회의를 염두에 두고 기후 문제에 대한 보고서 작성이나 언론 보도를 위한 활동을 했다. 그럼에도 불구하고 2020년 말 스페인 마드리드에서 개최된 제25차 유엔기후변화협약 당사국 총회는 실패로 돌아갔고, 구체적인 성과 없이 막을 내렸다. 이 사례는 우리에게 단순히 기후 문제에 관한 정보를 전달하는 것만으로는 별 효과가 없음을 알려준다.

기후 문제에 대한 대중의 인식이 높아지고, 관련 사실이 제대로 알려진다 한들 이것이 항상 사람들의 행동을 근본적으로 바꾸지는 않는다. 아마 이와 관련해 가장 잘 알려진 예시는 세계 기후 정책이 아닐까 싶다. 2007년에는 처음으로 '기후 붐'이 일었는데, 당시 기후변화는 전 세계에서 가장 뜨겁고 인기 있는 주제였다. 그때 무슨 일이 있었느냐 하면, 우선 앨 고어 미국 전 부통령이 오스카상을 수상한 환경 다큐멘터리 영화 〈불편한 진실〉[21]의 각본과 동명의 책을 써 수백만 명에게 감동을 선사했다. 기후 붐의 정점은 앨 고어와 IPCC가 수년간 기후변화에 대한 전 세계 연구 결과를 모아 분석한 공을 인정받아 노벨평화상까지 수상한 것이었다. 당시 노벨상 위원회는 "인간이 기후변화에 미친 영향을 연구하고 이를 널리 알림으로써 기후변화 문제의 해결을 위한 초석을 다지는 데 노력한 공로를 인정해 앨 고어와 IPCC를 노벨평화상 공동 수상자로 선정했다."[22]라고 선정 이유를 밝혔다. 그러나 기후 붐은 빠르게 시작한 만큼 다시 빠르게 사그라들었다. 특히 그 직후 세계가 금융위기와 경제위기에 시달리기 시작하면서 2009년 덴마크 코펜하겐에서 개최된 유엔 기후정상회담은 대실패로 남았다. 사실 당시 회의에서는 이제 세상이 진짜 변했다는 신호가 나왔어야 했던 시점이었다. 하지만 현실은 그러지 못했고, 전 세계 온실가스 배출량은 계속 증가했다. 이처럼 다른 위기가 발생하면 기후 위기는 한동안 뒷전으로 밀려나게 된다. 그러니 코로나 위기를 극복한 후에 그 피해를 복구하는 과정에서 기후 문제가 한동안 잊힐 위험성이 크다고 걱정하는 것도 충분히 근거가 있는 걱정이다.

개인적으로는 많은 언론이 국제적인 기후 협상을 무비판적으로 바라보면서 정치권에서 사용하는 말을 그대로 옮기는 것에 그친다는 생각이 든다. 기후 협상 보고서나 이에 대한 언론 보도를 보면 마치 법원 판결문 같다. 연례 기후변화협약 총회에서 '마지막에' 협상을 이루었다는 보도 내용이 얼마나 많았던가? 실제로 객관적으로 보면 사실상 달라진 것이 없었는데도 말이다. 온실가스 배출량이 해마다 신기록을 경신하고 있는 상황에서 어떻게 감히 돌파구를 찾았다는 이야기를 할 수 있는 걸까? 한낱 겉치레에 불과한 짓이라는 생각밖에 안 든다. 사람들이 2015년 파리기후협정 이후 정치가 기후 문제를 빌미로 모든 것을 통제하려 든다는 잘못된 생각을 하게 된 것은 분명히 잘못된 언론 보도의 책임이다. 개인적으로는 파리기후 협정이 각국의 자발성에 기반한다는 점에서 전 세계 온실가스 배출이 증가하리라는 것은 애초에 예상된 결과였다.

그래도 최근에는 언론의 인식도 바뀌고 있는 것 같다. 언론 인들 중에서도 세계 기후변화협약 총회가 실제로 아무런 진전 이 없고, 계속 같은 자리만 맴돌고 있다는 것을 깨닫는 이들이 늘어나고 있다. 이제는 많은 언론인들이 정치에 속았다고 느끼 고, 훨씬 더 비판적으로 실제 수치를 제시해 정치권에 맞서는 등 태도가 달라졌다. 특히 2019년에는 독일 연방정부의 기후 보호정책이 별로 유의미하지 않고 사실상 아무것도 하지 않는 것이나 다름없다고 언급한 전문가들의 의견을 보도하거나, 마 드리드에서 개최된 유엔기후변화협약 당사국 총회에서 거의 아무런 진전이 없었던 것에 대해서도 실패라고 보도하는 언론 사가 대부분이었던 것처럼 실질적인 변화가 있었다.

그럼에도 많은 정치인들이 이제는 기후 보호를 실천할 때 라는 생각 자체를 안 하는 것 같다. 도대체 이유가 뭘까? 기후 조건이 급변하고, 기후변화로 인한 피해가 늘어나며, 인간이 지구온난화의 주원인이라는 폭넓은 과학적 합의도 존재하고, 언론도 기후 위기를 크게 보도하고 있는데도 어째서 포괄적인 기후 보호 조치를 실천하지 못하고 있는 걸까? 그리고 어째서 이토록 많은 사람들이 아직도 과학적 사실을 부정하거나 기후 연구 결과에 의문을 제기하고 있는 걸까? 인간의 힘으로 기후를 바꿀 수는 없으므로 수많은 과학자들의 말을 믿을 수가 없다는 사람들은 왜 이리도 많을까? 대체 왜 사람들이 이런 생각을 하게 된 걸까?

심리학에서도 이런 질문에 대한 답을 찾으려 노력하고 있다. 영국의 기후변화 전문기관 '기후 지원 및 정보 네트워크'의 공동 창립자 조지 마셜George Marshall의 저서 『기후변화의 심리학』은 인간의 뇌가 기후변화를 무시하도록 프로그래밍된 이유가 무엇인지를 주제로 다루고 있다.* 기후변화에 관한 책이 주로 과학적 지식을 활용해 사람들을 설득하려는 내용인 반면, 마셜은 반대로 과학이 사람들을 설득하지 못하는 이유를 알아본다. 이 책에 따르면 인간의 두뇌는 기후변화처럼 심각하거나 너무 힘들고, 고통스러운 일은 무시하고 완전히 모른 체하거나 적어도 잠시 생각을 억누르려고 한다.[23] 심각한 문제 때문에 미쳐버리지 않도록 뇌가 일종의 자기보호 기제를 펼친다는 것이다. 그런데 이렇게 뇌가 생각을 억제하는 과정에서 완전히 비합리적인 행동이 나타날 수 있다고 한다. 그래서 일반적으로 사회적으로 굉장히 인정받는 과학자나 교수가 기후 연구와 연관되면 온갖 잘못된 행동을 하는 사람이자 심지어 사기꾼이라

---

* 책의 원래 제목은 '꿈도 꾸지 말 것. 우리의 두뇌가 기후변화를 무시하는 이유(Don't Even Think About It. Why Our Brains Are Wired to Ignore Climate Change)'였다.

는 소리를 듣는다. 그렇기 때문에 기후 문제를 사람들에게 전달하는 방법을 바꿔야 한다는 것이 이 책의 요지다. 그러면 기후 문제를 어떻게 전달해야 할까? 개인적으로는 두 가지가 중요하다고 생각한다.

첫째, 긍정적인 이야기를 전달해야 한다. 실제로 기후 보호와 관련해 긍정적인 내용도 많지만 보통 이런 내용은 거의 전달되지 않고 항상 심각성만을 알리고 있다. 기후 보호를 위한 논의는 대부분 '포기'에 초점이 맞춰져 있다. 그러나 기후 보호는 사실 무언가를 포기하는 것이 아니라 우리의 삶의 질을 높이고 미래를 손에서 놓치지 않고 꼭 붙잡기 위한 것이다. 기후 보호는 혁신의 원동력이 될 수 있으며, 세계 정의를 되살릴 수도 있다. 신재생에너지는 환경을 오염시키지 않으니 건강에도 부정적인 영향을 미치지 않고, 자연에서 무료로 얻으니 비용도 들지 않는 청정에너지라는 이야기는 왜 별로 찾아볼 수 없을까? 이는 아마도 우리가 아직도 화석에너지가 기본이라는 사고방식에 갇혀 있기 때문이다. 석탄·석유·가스 등 석탄연료를 사용하기 위해서는 많은 돈을 지불해야 하고 휘발유나 난방유 가격이 높은 것은 짜증나는 일이지만, 그럼에도 화석연료 없는 생활은 상상할 수 없을 정도로 익숙해진 것이다. 화석연료처럼 중앙에서 에너지를 공급하는 대신, 각 지역별로 필요한 만큼 재생에너지를 공급하는 탈중앙식 에너지 공급이 이루어지는 세상은 아직 우리에게는 까마득히 먼 얘기다. 화석연료를 사용하는 엔진 대신 배터리가 달린 자동차가 이미 나와 있는데도 이런 자동차를 탄다는 상상조차 못 하는 사람들이 많은 현실이니 말이다.

우리는 상상할 수 없는 것들을 생각하고, 한낱 이상에 불과하다고 여기는 기술을 개발해야 한다. 예를 들면, 주택에 태양광 패널을 부착해 전기를 생산하는 것처럼, 건물 외벽에 전력 발생 장치를 설치해 작은 발전소로 만드는 아이디어를 구상해보는 것이다.[24] 또는 공기 중의 습기를 활용해 전기를 생산하는 아이디어도 있다.[25] 이런 기술을 활용하면 우리가 어디에 있든 상관없이 전 세계 어디서나 손쉽게 전기를 생산할 수 있을 것이다. 실제로 이런 연구가 진행되고 있으며, 우리는 수많은 아이디어를 가능한 한 빨리 시범 사업으로 추진하고 시장화하여 전 세계적으로 사용할 수 있게 만들어야 한다. 앞으로는 이런 혁신 기술을 개발하는 국가들이 경제적으로 앞서나갈 것이다. 간단히 말해, 우리는 정치·경제·인구 등 우리 사회의 모든 부문에서 추진력을 얻자는 것을 목표로 대중에게 기후 문제를 전달해야 한다. '우리는 할 수 있다yes, we can'라는 분위기를 만드는 것이다. 이 말은 버락 오바마 미국 전 대통령이 2008년 대선 당시 대중을 감동시켜 마침내 승리할 수 있게 한 슬로건이다. 무엇을 포기해야 하는지를 가지고 논쟁하는 것은 건전하지 않고, 사람들에게 부정적인 인식을 줄 뿐이다. 우리가 할 것은 앞을 바라보고, 미래에 대한 긍정적인 이미지를 만들고, 이를 사람들에게 설명하고, 함께 동참하도록 유도하는 것이다.

왜 기후 보호 이야기는 항상 결국 돈 얘기로 이어질까? 사실 비용을 절감하는 것은 그리 어려운 일이 아니다. 누구나 자기만의 기후 보호 방법을 정해 실천한다면 단기간에 많은 비용을 절약할 수 있고 심지어 여윳돈까지 챙기게 되는데, 이런 좋은 팁을 아는 사람은 별로 없다. 예를 들어 우리가 100킬로미터를 주행할 때마다 휘발유를 1리터 사용하는 연비 좋은 차를 탄다고 가정하자. 그러면 휘발유 가격이 리터당 1.5유로일 때 2만 킬로미터를 주행하는 경우 일반 자동차보다 연간 300유로를 더 절약할 수 있다. 이렇게 절약한 300유로는 세금을 떼지 않으니 300유로를 온전히 다 갖는 것이다. 특히 현재 독일에서 마력이 높은 차량과 대형 차량이 역대 최고로 인기를 끌고 있다는 점을 고려하면 연비 좋은 차량을 선택해 아끼는 돈은 용돈이나 다름없다. 전속력으로 달리는 대신 일정한 속도로 운전을 한다면 연료 소비가 더욱 줄어드니 더 많은 돈을 절약할 수 있다. 기후 문제에서 항상 자동차 운전자 편을 드는 독일 자동차 클럽ADAC이나 언론이 기후 보호에 대한 논의를 할 때 왜 이런 좋은 점을 강조하지 않는지 도무지 이해할 수가 없다. 이렇게 사람들이 직접 체감할 수 있는 좋은 내용을 전달하면, 기후 보호에 대한 관심을 높이는 것도 그렇게 어려운 일은 아니다.

둘째, 단순히 과학적 사실을 전달하는 것만으로는 충분하지 않다. 그것만으로는 기후 보호를 위한 행동이 시급하다는 생각을 하지 못하게 된다. 그러므로 과학적 사실을 개인의 실생활에 접목해 지구온난화가 개인의 삶에 무엇을 의미하는지를 분명하게 알려야 한다. 지구온난화가 건강에 큰 영향을 미친다는 것은 누구나 아는 분명한 사실이다. 인간의 정상 체온은 37도이다. 지난 수십 년간 독일에서는 더운 날이 많아졌고, 여름에는 기온이 30도를 넘는 날이 점점 많아지고 있다. 20세기 중반 이후 독일에서 30도가 넘는 더운 날은 약 두 배로 늘어났으며, 앞으로도 계속 늘어날 것이다. 기온이 30도를 훨씬 웃돌면 생물은 엄청난 스트레스를 받는다. 여름철에 폭염 때문에 실제로 사망자가 발생하기도 한다. 기온이 상승하면 많은 사람이 그 영향을 받지만, 그중에서도 특히 노인, 장애인, 기저질환자, 아동, 임신부 등 약자는 더 큰 영향을 받는다. 그 밖에도 전염병을 옮기는 병원체가 열대 지방에서 북쪽으로 퍼져나가, 우리가 생활하는 위도에서는 원래 발생하지 않는 더운 지방의 풍토병이 발생할 수도 있다. 예를 들면, 예전에는 주로 남쪽 지역에서 발견되던 진드기가 북유럽인 스웨덴으로까지 퍼져 유럽에서 라임병을 옮기는 것이다.

대기오염도 우리의 건강에 좋지 않은 영향을 미친다. 대기 중 질소산화물과 미세먼지 농도가 높아져 전 세계 많은 도시가 고통받고 있고, 이제는 전 세계적으로 흡연보다 나쁜 대기질로 사망하는 사람이 더 많아진 상황이다. 그러면 대기질 악화와 기후변화 사이에는 어떤 연관성이 있을까? 우선 이 두 현상 모두 화석연료를 태우는 과정에서 발생한다는 공통점이 있다. 중국에서는 이 공통분모가 특히 분명하게 드러난다. 중국 수도권 인구 밀집 지역에서는 사람들이 스모그로 고통을 받는데, 이처럼 대기질이 좋지 않은 이유는 석탄을 연료로 사용하기 때문이다. 석탄을 연료로 사용하면 이산화탄소 외에도 다량의 황이 대기 중으로 방출되고, 이것이 스모그를 일으킨다. 그래서 에너지 전환을 꾀해 신재생에너지를 사용하면 공기 중으로 방출되는 온실가스와 대기 오염물질이 함께 줄어들어, 두 마리 토끼를 잡을 수 있는 것이다. 깨끗한 공기를 싫어하는 사람은 아무도 없다. 그러나 대기질과 기후 보호의 연관성에 대해서는 일반 대중에게 거의 알려져 있지 않다. 이처럼 어떤 하나의 조치가 다른 이점까지 가져온다는 것을 과학에서는 '부수적 공편익Co-Benefits'이라고 하는데, 이런 기후 보호의 장점을 잘 알리는 것도 기후 문제를 잘 전달하는 것이다. 예를 들어, 육류 소비를 줄이고, 자동차 대신 자전거를 타거나 걷는다면 환경을 보호할 뿐만 아니라 건강에도 좋다는 것을 알리는 것이다.

독일에서는 자신이 이미 기후 위기의 직접적인 영향을 받고 있다는 사실을 모르는 사람이 많다. 하지만 우리가 평소에 직접 체감하지는 못하더라도 이 사회의 소비자이자 납세자로서 기후 피해에 대한 비용은 결국 우리가 지불하게 될 것이다. 우리가 아니라면 대체 누가 그 비용을 내겠는가? 세금이 아니라면 어떻게 기후로 피해를 입은 농민을 지원하겠는가? 어떻게 산림 관리인에게 관리비를 내겠는가? 해수면 상승으로 인한 피해를 막으려고 바다에 제방을 건설하는 비용을 어떻게 마련하겠는가? 기후변화로 인해 발생하는 비용은 사회공동체 전체, 즉 우리 모두가 지불하는 것이다. 독일은 지구온난화의 결과로 이미 수십억 달러를 지출하고 있는데, 그 때문에 연금이나 학교를 위한 재정 지원 등 다른 부문의 지출이 줄 수밖에 없다. 이 사실을 전혀 모르는 국민들이 많은데, 이 역시 기후 보호 조치의 시급함을 알릴 때 반드시 함께 알려야 하는 사실이다.

이처럼 여러 가지 문제가 있긴 하지만, 그래도 지금까지 기후 문제를 알려온 성과가 어느 정도 보이고 있다. 이제는 전 세계 많은 사람들이 기후 위기를 가장 중요한 문제 중 하나로 인식하고 있다. 젊은 세대는 기후변화의 위험을 깨닫고 '미래를 위한 금요일Fridays for Future'26 운동을 만들었다. 스웨덴의 초등학생 그레타 툰베리를 따라 금요일마다 학생 수천 명이 학교

대신 길거리로 나가 기후 보호 운동을 펼치고 있다. 이들은 더 이상 정치인들의 빈말에 휘둘리지 않고 스스로 행동한다. 그리고 과학자들이 설립한 환경단체 '미래를 위한 과학자Scientists for Future'[27]가 이들을 지지한다. '미래를 위한 과학자'는 기후 및 환경 보호를 확대하라는 젊은이들의 말이 옳으며 그 근거가 명확하다고 생각하는 독일·오스트리아·스위스 과학자들이 설립한 단체다. 이들은 우리 사회에 기후 보호를 보다 확고히 정착시키기 위한 자체 프로젝트도 마련하고 있다. 그 외 다른 집단에서도 기후 보호 운동을 지원하고 있는데, 가령 심리학자와 정신과 의사 수천 명이 만든 '미래를 위한 심리학자 Psychologists for Future'도 '미래를 위한 금요일' 운동을 지지한다.[28] '미래를 위한 심리학자'는 웹사이트에 "급속히 진행되고 있는 지구온난화는 우리가 살아가기 위한 기반인 자연과 온전한 신체, 정신을 위협하고 있으며, 즉 우리의 생존을 위협한다."라는 내용을 명시했다.

그 밖에 의료계 종사자들도 '미래를 위한 건강Health for Future'이라는 단체를 만들어 지구가 건강해야 비로소 인간도 건강할 수 있다는 내용을 전파하고 있다.[29] 이처럼 각계각층에서 시민사회단체가 만들어지고, 이들이 한목소리로 본격적인 기후 보호 조치를 요구하는 것은 정말 기쁜 일이자 정치계와 경제계에 중요한 신호를 보내는 일이다. 어쩌면 지금 무언가 더 나은 방향으로 바뀌고 있는지도 모른다. 마침내 기후 위기에 눈을 뜨고 이것이 인류의 생존을 위협한다는 것을 깨닫는 사람들이 점점 늘어나고 있는 것이다. 이들은 기후 문제에 과감히 접근하면 새로운 기회가 열리기도 한다는 것을 아는 사람들이며, 진부한 말로 넘어가려는 정치인들의 태도를 더 이상 용납하지 못하는 이들이다. 사람들은 이제 가능한 한 빠른 조치가 이루어지기를 원한다. 이제는 시민사회뿐만 아니라 일부 기업에서까지도 정치권에 대한 압력을 높이고 있는 상황이다.

지금까지 인류는 깊은 잠에 빠져 지구온난화의 위협을 거의 알아채지 못했다. 독일도 마찬가지였다. 잠에 빠진 독일인들을 흔들어 깨우다시피 했던 독일의 극단적 고온현상을 경험하며 그래도 약간은 의식이 바뀌었다고 할 수 있다. 2019년 5월 유럽의회 선거는 기후 보호 조치에 대해 많은 정치인들의 시각을 크게 바꿔놓았다. 당시 독일 유권자들에게 기후변화는 가장 중요한 사안이었고, 이미 오래전부터 기후 보호를 확대할 것을 소리 높여 외쳤지만, 그때까지는 주요 정당이라고 할 수 없었던 녹색당이 이 투표에서 최대 승자가 되었다. 특히 '미래를 위한 금요일'처럼 학생들이 거리로 나온 것에 큰 자극을 받은 젊은 세대가 녹색당을 승리로 이끌었는데, 당시 30세 미만 유권자의 3분의 1이 녹색당에 표를 던졌다. 그 밖에도 확언하기는 어렵지만, 독일의 100만 유튜버 레조Rezo가 올린 동영상을 수백만 명이 보았던 것도 유럽의회 선거가 예기치 못한 결과로 이어진 또 다른 요인으로 작용했다. 이 유튜버는 유럽의회 선거 직전에 당시 독일 여당이었던 기민당과 사민당이 꾸린 대연정이 주요 정책 분야, 특히 기후 보호 분야에서 수년간 실패를 거듭하고 있다는 점을 비판했다.[30] 지금은 비록 코로나 위기 때문에 기후 위기가 잠시 헤드라인에서 밀려난 감이 있지만, 그래도 코로나 위기를 극복하고 나면 기후 보호를 강화하라는 대중의 요구가 더 커질 것이라고 굳게 확신해 본다.

아는 것을 넘어 행동하기

이제는 마침내 아는 것을 행동으로 옮겨야 할 때다. 인류에게는 방향을 바꾸어 기후 재앙을 피할 수 있는 시간이 아직 조금은 남아있다. 하지만 일단 기후 재앙이 오고 나면 우리가 바꿀 수 있는 것이 더 이상 없을 것이다. 우리는 지금 한계에 도달했고, 이 한계를 넘지 않는 게 무엇보다 중요하다. 따라서 정말 심각한 일이 벌어지기 전에 예방조치에 각별한 주의를 기울여야 한다. 지구온난화의 영향이나 이로 인한 연쇄적 작용이 언제 시작될지는 학계에서도 정확히 예측할 수 없기 때문에, 인류는 그 부분에 대해 아직 실감하지 못할 것이다. 그러나 인류가 계속해서 지금처럼 살아간다면, 그리 멀지 않은 미래에 한계가 닥치리라는 것만은 꽤 확실한 듯하다.

인류가 기후변화를 막지 않는다면, 세계 일부 지역에서는 더 이상 사람이 살아갈 수 없을 것이다. 지구 기온은 말 그대로 '너무' 높아질 것이다. 해수면이 상승해 많은 해안 지역과 섬 전체가 바다 밑으로 가라앉고, 세계경제는 심각한 타격을 입을 것이다. 세계의 안보를 비롯해 식량 상황도 극도로 악화될 것이다. 이런 기후변화에 대한 역사적 책임은 선진국에 있다. 하지만 선진국은 아직도 단기적 사고에 갇혀 무절제하게 이윤을 추구하면서 자신의 책임을 다하지 못하는 모습을 보이고 있다. 우리는 앞으로 어떻게 행동해야 할지 그 답을 이미 알고 있다. 그중 재생에너지와 순환 경제도 하나의 답이 될 수 있는데, 문제는 이를 구현할 방법이 부족하다는 것이다. 포퓰리즘 세력이 커지고, 정치는 기후 문제 대응에 너무 소극적인 태도를 보이면서 혁신적인 기술의 도입을 막는다. 도널드 트럼프 미국 전 대통령이 기후를 죽이는 주범 '넘버원'인 석탄 사용을 다시 확대하기 시작한 게 대표적인 사례다. 한편, 기후변화로 인해 어떤 위험이 발생할 수 있는지를 분명히 알리는 것도 쉽지 않다. 기후 문제는 너무 추상적이고 어떤 위험으로 전개될지도 분명하지 않기 때문에 사람들이 우리의 생존이 달린 문제라고 인식하기가 쉽지 않다. 이산화탄소와 같은 온실가스는 우리 눈에 보이지 않는다. 대기 중 이산화탄소 함량이 증가한다고 해서 하늘이 갈색이 되는 건 아니다. 만약 그랬다면 사람들은 이미 오래전에 행동했을 것이다. 더러운 하늘 아래 살기를 원하는 사람은 아무도 없으니까.

사람들은 직접 발등에 불이 떨어져야만 행동하게 마련이다. 1960년대, 1970년대, 1980년대까지 스모그를 직접 겪었던 독일도 그랬다. 독일의 루르 지역처럼 인구가 밀집한 공업도시에서는 스모그 때문에 병에 걸리거나 심지어 죽는 사람도 있었다. 당시 정치인들은 석탄 화력발전소의 탈황 설비와 자동차 촉매 변환장치처럼 유해물질을 걸러주는 장치를 순차적으로 도입하는 식으로 스모그에 대응했다. 이러한 조치를 통해 석탄 화력발전소에서 배출되는 유독성 황이 대기로 방출되고 대기 중에서 빗방울과 결합해 황산비가 내리는 것을 막을 수 있었다. 자동차의 촉매 변환장치는 일산화탄소를 비롯해 암을 유발하고 오존을 생성하는 탄화수소와 질소산화물을 걸러줘 이런 물질이 직접 배출되는 것을 막는 역할을 했다. 공기는 점차 맑아졌고, 사람들은 안도의 한숨을 내쉴 수 있었다. 숲을 파괴하던 산성비도 서서히 사라졌다. 참고로 말하자면, 이런 대기오염 방지책은 처음에는 독일 자동차업계의 거센 반대에 부딪혔다. 독일 자동차업계는 촉매 변환장치를 도입하면 자동차 산업이 망할 것이라고 주장했다. 독일 자동차업계는 그전에도 운전자의 안전벨트 착용을 의무화하는 것에 반대했었다. 그러나 정치는 결국 자동차업계의 경제적 이해관계와 달리 환경을 보호하는 방향으로 결정을 내렸고, 개인적으로는 이것을 좋은 선례이자 긍정적인 신호로 보고 싶다.

너무 늦긴 했지만 국제정치가 어쨌든 행동에 나선 사례도 있다. 바로 1987년 9월에 오존층을 보호하기 위해 몬트리올 의정서[31]를 채택한 일이다. 1985년 5월에 영국 과학자들이 남극 대륙에 오존층 구멍이 뚫렸다는 측정 결과를 학술 저널 「네이처」지에 발표하면서 전 세계 사람들이 오존층에 구멍이 났다는 사실을 알게 되었다.[32] 학계는 이미 수년간 염화불화탄소CFCs, 즉 프레온가스가 고도 15~30킬로미터 높이의 성층권 오존층을 손상할 수 있다고 경고해 왔다. 그러나 오존층 구멍이 실제로 발견되기 전에는 오존 손실이 최소 10년, 심지어 100년간 적은 수준으로 유지될 것이라는 주장이 지배적인 견해였다. 그러니 오존 구멍에 관한 연구를 하는 학자들마저도 이 사실을 알고 나서 마치 폭탄을 맞은 듯 충격을 받았다. 그리고 이 충격은 정치계를 넘어 경제계까지 이어졌다. 프레온가스가 오존층을 파괴한다는 것은 오랫동안 알려져 있었지만, 그 어떤 학자도 남극에 오존 구멍이 생길 것이라고는 예측하지 못했던 것이다. 그리고 우주에서 오존층을 지속적으로 관측해온 NASA 위성의 데이터에서도 위성 장치가 수년간 완벽하게 작동했음에도 오존 구멍을 발견하지 못했었다. 어째서 그랬던 걸까? 그 이유는 충격적일 만큼 간단했다. 오존 측정을 위한 평가 소프트웨어가 오존 값이 극히 낮은 경우 이를 결함으로 처리한 것이다. 그래서 측정값이 과학자들의 눈에 띄지도 못하고 쓰레기통으로 옮겨졌다. 남극에 오존 구멍이 발견되기 전까지는 그 누구도 성층권의 오존 값이 이토록 낮아졌으리라고는 상상도 하지 못했으며, 측정 결과를 봤더라도 측정 오차 정도로 여겼을 것이다. NASA는 남극에서의 지상 측정 결과가 발표된 이후에야 이 처참한 상황을 깨닫고 위성 측정 데이터 원본을 분석하여 오존 구멍이 존재한다는 사실을 확인했다.

성층권에 위치한 오존층은 태양에서 방출하는 해로운 자외선을 흡수하여 지표에 도달하는 것을 막아주는 역할을 한다. 그렇기 때문에 오존층이 파괴된 당시 지구는 생명체가 살아갈 수 없는 행성이 될 위험에 처해 있었다. 그러나 몬트리올 의정서와 그 후속 협정을 전 세계적으로 시행하면서 산업계 및 가정에서는 오존층을 파괴하는 프레온가스를 더 이상 사용하지 않게 되었다. 오늘날에는 프레온가스를 사용하지 않는 냉장고가 전 세계 표준이 되었다. 그러면서 대기 중 프레온가스의 농도도 서서히 낮아지고 있으며, 오존 구멍의 크기도 아주 천천히 줄어들고 있다. 그럼에도 불구하고 오존 구멍은 아직도 존재하며, 완전히 닫힐 때까지는 수십 년이 걸릴 것이다. 오존 구멍에 대한 이야기는, 정치인들이 환경이 위험하다는 학자들의 경고를 단순히 무시해서는 안 된다는 것을 시사한다. 일단 무작정 기다려 보는 태도는 결국 이런 나쁜 결과로 이어질 수 있다. 심지어 전문가조차도 미처 예상치 못한 일이 언제든 일어날 수 있다. 이런 점은 국제사회가 지구온난화에 대해 논의할 때도 고려해야 하는 부분이다. 비록 기후가 구체적으로 어떻게 변화할 것인지에 대해서는 서로 생각이 다를 수 있지만, 지금 우리가 마주하는 현실은 정치와 경제를 비롯한 사회 모든 집단이 신속하면서도 단호한 조치를 취해야 한다.

안타깝게도 몇몇 국가에서는 기후변화라는 주제가 하나의 이데올로기가 되었는데, 그중에서도 미국이 대표적이다. 미국에서 기후 위기는 공화당과 민주당이라는 두 고래 싸움에 등이 터지는 작은 새우나 다름없다. 기후변화 문제는 미국 사회를 분열시키며, 권력 싸움에 농락당하고 있다. 이는 미국뿐만 아니라 독일에서도 그렇다. 독일 연방하원을 비롯해 각 연방주 의회에도 이제 독일을 위한 대안당이 세력을 잡아 지구 온도가 비정상적으로 상승하게 내버려 두거나 인간이 기후에 미치는 영향을 무시하는 태도를 보이고 있다. 하지만 물리는 정치가 아니다. 물리는 부정부패를 저지를 수 없고, 물리와는 협상이나 타협을 할 수도 없다. 따라서 대기 중에 축적되는 온실가스의 양이 증가할수록 지구의 온도가 상승한다는 것은 인간이 어떻게 생각하든지 바꿀 수 없는 물리적 법칙이다.

많은 사람들이 지구온난화의 영향을 일상 속에서 느끼게 된 지 오래다. 마침내 세계가 하나가 되어야 할 때이며, 변화를 두려워할 여유가 우리에게는 없다. 우리는 앞으로 수십 년 안에 기술 변화를 이룰 수 있다. 독일은 2011년 후쿠시마 원전 사고가 발생한 지 약 10년 만인 2022년 완전한 탈원전을 달성할 예정이며, 독일 전력 생산에서 신재생에너지가 차지하는 비중도 이미 2019년에 40퍼센트를 훨씬 넘어섰다. 20년 전만 해도 이 정도 성과는 꿈같은 이야기일 뿐이었다. 독일의 대형 태양광 발전소에서 태양광으로 전기를 생산하는 비용은 킬로와트시당 5센트 미만으로 아주 낮다. 이처럼 신재생에너지를 활용한 전력 생산 비용은 기존 에너지 생산 비용보다 낮아졌다. 인류의 혁신에는 한계가 없으며, 모든 것이 가능하다. 우리가 원하기만 한다면 말이다.

마지막으로, 버락 오바마 미국 전 대통령의 말을 인용하며 책을 끝마치려고 한다. "만약 우리가 단기적인 이익보다 우리 아이들이 숨 쉬는 공기와, 우리 아이들이 먹는 음식과, 우리 후손들의 꿈을 우선적으로 생각한다면, 그렇다면 우리는 아직 너무 늦은 것은 아닐 수 있다."

---

* 2014년 9월 23일 미국 뉴욕에서 개최된 기후정상회담에서 오바마 대통령이 한 말.

기후 보호를 위한 십계명

❶ 기후를 지킬 의지가 있는 자들의 동맹

유엔을 통한 기후 협상은 실패했다. 이제는 기후 보호를 중요하게 생각하는 국가들이 앞장설 때이다.

❷ 선진국과 개발도상국 간의 공정성 확보

선진국에는 기후변화에 대한 역사적 책임이 있다. 그러니 선진국은 이산화탄소 배출량을 빠르게 줄이고, 개발도상국에 자금과 기술을 지원해 개발도상국의 지속가능한 발전을 촉진해야 한다. 한편, 이런 과정에서 개발도상국의 민주화도 촉진할 것이다.

❸ 기후에 해로운 보조금 철폐 및 적절한 탄소배출권 가격 책정

기후에 해로운 화석연료 보조금 지원은 중단해야 한다. 또 이산화탄소 배출에 대한 적절한 가격을 책정해야 한다. 그리고 이산화탄소 배출권을 통해 얻은 이윤은 사회적 평등과 사회 구조 변화를 달성하기 위해 사용해야 한다.

❹ 재생에너지 대폭 확대

기후 중립을 달성하기 위한 모든 전략에는 재생에너지를 신속하게 대폭 확대해야 한다는 내용이 포함된다. 그 밖에도 에너지 공급의 탈중앙화도 반드시 확대되어야 한다.

❺ 지속 가능한 투자로의 유도

이제는 투자의 방향이 지속 가능한 쪽으로 바뀌어야 하며, 정치는 이를 위한 기반을 마련해야 한다. 법적인 규제를 너무 피하려고만 해서는 안 된다.

⑥ 대기 중 이산화탄소의 산업적 이용

현실적으로 인류가 2050년까지 화석연료에서 완전히 탈피하기는 어려울 것이다. 따라서 대기 중 과도하게 축적된 이산화탄소를 추출해서 사용해야 하는데, 나무를 심는 것만으로는 충분하지 않다. 대기 중 이산화탄소를 산업에 이용할 수 있는, 유용한 처리 방법을 개발해야 한다.

⑦ 순환 경제

우리는 자원이 넘쳐나다 못해 버려지는 풍요로운 사회를 살고 있다. 인류는 순환 경제로 나아가는 길을 찾고, 자원을 보다 효율적으로 활용하여 낭비를 최대한 줄여야 한다.

⑧ 시민 참여를 통한 구조 변화

사회 전체에서 기후 보호가 폭넓게 받아들여져야 한다. 시민들은 기후 친화적인 구조로 사회가 변화하는 과정에 동참하고, 이런 활동에 참여하는 시민들은 재정적 혜택을 비롯한 여러 혜택을 받아야 한다.

❾ 기후변화를 효과적으로 알리기

기후를 보호하기 위해 우리가 무엇을 포기해야 하는지만 이야기하는 것은 오히려 역효과를 낳는다. 사람들 사이에 기후 보호를 해낼 수 있다는 긍정적인 분위기를 조성하려면 '기후 보호는 쿨하고 재미있다'라는 모토 아래 기후 보호의 장점을 알리고 성공 사례를 이야기해야 한다.

❿ 시민사회를 통한 압력

시민사회는 기후 보호를 더 적극적으로 요구해야 한다. 사실보다 감정에 호소하는 '포스트 팩트'로 나아가는 우리 사회의 경향을 극복해야 하는데, 이를 극복하기 위한 방안이 바로 투표다. 환경이나 민주주의, 자유, 인권에 관심이 없는 포퓰리스트들이 권력을 잡는다면 우리가 소중하게 생각하는 이런 가치들은 지켜지지 못할 것이다.

참고문헌

서문

1   https://public.wmo.int/en/media/press-release/2019-concludes-decade-of-exceptional-global-heat-and-high-impact-weather

2   https://academic.oup.com/bioscience/advance-article/doi/10.1093/biosci/biz088/5610806

3   https://www.rowohlt.de/hardcover/jonathan-franzen-wann-hoeren-wir-auf-uns-etwas-vorzumachen.html

4   https://gfds.de/wort-des-jahres-2018/

5   https://www.ipcc.ch/

6   https://www.ipcc.ch/site/assets/uploads/2018/03/ipcc_far_wg_I_full_report.pdf.

7   https://www.ipcc.ch/site/assets/uploads/2019/03/SR1.5-SPM_de_barrierefrei-2.pdf

8   https://www.spiegel.de/spiegel/print/d-13519133.html

9   DEUTSCHE PHYSIKALISCHE GESELLSCHAFT E. V. Arbeitskreis Energie. WARNUNG VOR EINER DROHENDEN KLIMAKATASTROPHE, 1985

10 https://www.goodreads.com/quotes/100469-we-are-nowfaced-with-the-fact-that-tomorrow-is

11 https://www.washingtonexaminer.com/obama-on-climatethere-is-such-a-thing-as-being-too-late

12 https://www.bmu.de/themen/klima-energie/klimaschutz/internationale-klimapolitik/pariser-abkommen/#c8535

13 https://www.pik-potsdam.de/aktuelles/pressemitteilungen/auf-dem-weg-in-die-heisszeit-planet-koennte-kritische-schwelle-ueberschreiten

14 https://www.evangelische-aspekte.de/wir-sind-dran/

15 https://www.bibelkommentare.de/index.php?page=dict&article_id=1178

16 https://www.tagesschau.de/wirtschaft/suv-millionen-marke-101.html

17 https://www.ndr.de/ratgeber/gesundheit/Antibiotika-Forschung-Warum-Unternehmen-aussteigen,antibiotika586.html

18 Ostwald, Wilhelm: Der energetische Imperativ, Leipzig 1912

19 https://www.ise.fraunhofer.de/content/dam/ise/de/documents/publications/studies/DE2018_ISE_Studie_Stromgestehungskosten_Erneuerbare_Energien.pdf

20 https://www.umweltbundesamt.de/service/uba-fragen/wasist-ein-smart-grid

21 https://www.unenvironment.org/resources/emissions-gapreport-2019

22 https://www.ipcc.ch/2018/10/08/summary-for-policymakersof-ipcc-special-report-on-global-warming-of-1-5c-approved-by-governments/

23 https://www.tagesschau.de/wirtschaft/siemens-kohle-australien-103.html

1부. 벼랑 끝에 선 세계

1   https://www.un.org/sustainabledevelopment/blog/2019/05/nature-decline-unprecedented-report/

2   https://www.nachhaltigkeit.info/artikel/brundtland_report_1987_728.htm

3   https://www.nachhaltigkeit.info/artikel/brundtland_report_563.htm

4   https://www.europhysicsnews.org/articles/epn/pdf/1972/06/epn19720306p4.pdf

5   https://wissen.hannover.de/Einrichtungen/VolkswagenStiftung/Grenzen-des-Wachstums

6   Meadows, Dennis et al.: 성장의 한계(Die Grenzen des Wachstums)(1972) 한스 디터 헤크Hans-Dieter Heck 번역, 제14판, Deutsche VerlagsAnstalt, Stuttgart, 1987, 17쪽

7   https://www.footprintnetwork.org/

8   http://www.overshootday.org/

9   https://www.life-science.eu/ressourcenmanagement-wieschaffen-wir-die-wende-zur-nachhaltigkeit/

10 https://www.umweltbundesamt.de/themen/wider-dieverschwendung

11 https://www.de-ipcc.de/256.php

12 https://www.dbk.de/fileadmin/redaktion/diverse_downloads/presse_2015/2015-06-18-Enzyklika-Laudato-si-DE.pdf

13 https://www.umweltbundesamt.de/themen/wirtschaftkonsum/wirtschaft-umwelt/umweltschaedlichesubventionen#textpart-1

14 https://germanwatch.org/de/kri

15 https://www.dwd.de/DE/klimaumwelt/aktuelle_meldungen/190326/pk_2019.html

16 https://wetterkanal.kachelmannwetter.com/der-grosse-vergleich-rekordsommer-2003-und-2018/

17 https://www.bmel.de/DE/Landwirtschaft/Nachhaltige-Landnutzung/Klimawandel/_Texte/Extremwetterlagen-Zustaendigkeiten.html

18 https://www.bund-naturschutz.de/wald/waldsterben-20.html

19 https://www.bmel.de/DE/Wald-Fischerei/Forst-Holzwirtschaft/_texte/Wald-Trockenheit-Klimawandel.html

20 https://www.nature.com/articles/s41558-018-0138-5

21 https://www.kn-online.de/Nachrichten/Wirtschaft/Gabriel-Felbermayr-im-Interview-IfW-Chef-plaediert-fuer-einen-CO2-Preis

22 https://www.ise.fraunhofer.de/de/daten-zu-erneuerbarenenergien.html#faqitem_1-answer

23 https://www.energy-charts.de/ren_share_de.htm?source=ren-share&period=weekly&year=2019

24 Voloscivk, Claudia et al. (2014): The Impact of a Warmer Mediterranean Sea on

Central European Summer Flooding. Scientific Reports, 6 (32450), pp. 1‒7. DOI 10.1038/srep32450

25 https://www.tagesschau.de/ausland/unwetter-kanaren-101.html
26 https://www.aerztezeitung.de/Medizin/1500-Todesfaelle-bei-Hitzewellen-in-Frankreich-348765.html
27 http://www.bom.gov.au/climate/current/month/aus/summary.shtml
28 http://www.bom.gov.au/climate/updates/articles/a032.shtml
29 https://www.klimareporter.de/erdsystem/doch-kein-hirngespinst-in-down-under
30 https://www.coralcoe.org.au/for-managers/coral-bleaching-and-the-great-barrier-reef

2부. 기후변화의 원인

1 Revelle, Roger & Suess, Hans E. (1957): Carbon Dioxide Exchange Between Atmosphere and Ocean and the Question of an Increase of Atmospheric CO2 during the Past Decades. Tellus, 9 (1), 18‒27
2 https://www.esrl.noaa.gov/gmd/ccgg/trends/
3 https://www.atmos-chem-phys.net/13/2793/2013/acp-13-2793-2013.pdf
4 Lüthi, D., M. Le Floch, B. Bereiter, T. Blunier, J.-M. Barnola, et al. (2008): High-resolution carbon dioxide concentration record 650,000‒800,000 years before present. Nature 453: 379‒382. doi:10.1038/nature06949
5 https://www.climatecentral.org/gallery/graphics/800000-years-of-carbon-dioxide
6 https://www.globalcarbonproject.org/
7 https://ocean-artup.eu/
8 https://blogs.scientificamerican.com/plugged-in/why-we-know-about-the-greenhouse-gas-effect/
9 https://www.spektrum.de/lexikon/geowissenschaften/plancksches-strahlungsgesetz/12351
10 http://www.dmg-ev.de/wp-content/uploads/2015/12/treibhauseffekt.pdf
11 https://www.nature.com/articles/ngeo3036
12 Arrhenius, Svante (1896): 대기 중의 이산화탄소 함량이 지표면 온도에 미치는 영향에 대해(Ueber den Einfluss des Atmosphärischen Kohlensäurengehalts auf die Temperatur der Erdoberfläche), in the Proceedings of the Royal Swedish Academy of Science, Stockholm 1896, Volume 22, I N. 1, pp. 1‒101
13 https://www.mpimet.mpg.de/kommunikation/aktuelles/imfokus/klimasensitivitaet/
14 https://www.nature.com/articles/s41558-019-0660-0

15 https://agupubs.onlinelibrary.wiley.com/doi/full/10.1029/2019GL085782

16 https://www.unibe.ch/aktuell/medien/media_relations/medienmitteilungen/2019/
medienmitteilungen_2019/klima_erwaermt_sich_so_schnell_wie_nie_in_den_
letzten_2000_jahren/index_ger.html

17 Nerem, R. Steven et al. (2018): Climate-change-driven accele-rated sea level rise
detected in the altimeter era. Proceedings of the National Academy of Sciences

18 Jevrejeva, Svetlana et al. (2016): Coastal sea level rise with warming above 2 도.
PNAS, 113, 47, 13342–13347

19 http://www.theclimateconsensus.com/content/satellite-data-show-a-cooling-
trend-in-the-upper-atmosphere-so-much-for-global-warming-right

20 https://www.klimanavigator.eu/dossier/artikel/056375/index.php

21 http://www.mathematik.net/gleichungen/gl1s15.htm

22 https://www.wetterdienst.de/Deutschlandwetter/Thema_des_Tages/1402/
geschichte-der-computergestuetzten-wettervorhersage

23 http://www.klima-warnsignale.uni-hamburg.de/wetterextreme/wetterextreme_
kap-4-7/

24 Stouffer, Ronald J. & Manabe, Syvkuro (2017): Assessing temperature pattern
projections made in 1989. Nature Climate Change, 7, 163–165

25 https://www.umweltbundesamt.de/themen/klima-energie/klimawandel/haeufige-
fragen-klimawandel#6-ist-die-anderung-der-sonnenstrahlung-nicht-der-
wesentliche-faktor-bei-klimaanderungen

26 https://www.deutsches-klima-konsortium.de/ueber-uns/positionen/
stellungnahmen.html?expand=3981&cHash=abfe7f292f4583841ba614eafc90f9f8

27 https://journals.aps.org/prl/abstract/10.1103/PhysRevLett.81.5027

28 https://www.weltderphysik.de/gebiet/leben/einfluesse-auf-den-menschen/
kosmische-strahlung/

29 http://www.realclimate.org/index.php/archives/2012/12/a-review-of-cosmic-rays-
and-climate-a-cluttered-story-of-little-success/; https://www.skepticalscience.
com/cosmic-rays-and-global-warming-advanced.htm

30 https://www.worldweatherattribution.org/

3부. 왜 기후 보호에는 진전이 없을까?

1 https://oekom-verein.de/veranstaltung/ortwin-renn-klimawandel-resilenz/

2 https://www.ag-energiebilanzen.de/

3 https://www.deutsches-klima-konsortium.de/fileadmin/user_upload/2011_

Downloads/061130_Stern-Report_-_Zusammenfassung.pdf

4 https://www.cdp.net/en

5 https://www.pnas.org/content/pnas/116/47/23487.full.pdf

6 https://www.pik-potsdam.de/services/infothek/kippelemente/kippelemente

7 https://www.pnas.org/content/116/6/1934; https://www.nessc.nl/tipping-points-ice-sheets/

8 IPCC. IPCC Special Report on the Ocean and Cryosphere in a Changing Climate (IPCC, 2019)

9 https://www.eskp.de/klimawandel/die-kuesten-in-der-arktis-zerfallen-weitgehend-unbeobachtet/

10 https://agupubs.onlinelibrary.wiley.com/doi/full/10.1002/2017GL074070

11 https://www.thetimes.co.uk/article/bbc-freezes-out-climate-sceptics-fqhqmrfs6

12 https://www.de-ipcc.de/media/content/Druck_De-IPCC_Flyer_Der_Weltklimarat_IPCC.pdf

13 https://www.de-ipcc.de/media/content/Kernbotschaften%20IPCC%20AR5%20SYR_neu_1804.pdf

14 http://advances.sciencemag.org/content/5/4/eaav7337

15 http://climatechange.lta.org/wp-content/uploads/cct/2015/03/ZeebeEtAl-NGS16.pdf

16 https://www.pik-potsdam.de/aktuelles/pressemitteilungen/mehr-co2-als-jemals-zuvor-in-3-millionen-jahren-beispiellose-computersimulation-zur-klimageschichte?set_language=de

17 https://www.nature.com/articles/s41558-019-0563-0

18 https://www.bundesgesundheitsministerium.de/impfpflicht.html

19 https://en.wikipedia.org/wiki/Climatic_Research_Unit_email_controversy

20 https://de.wikipedia.org/wiki/Watergate-Aff%C3%A4re

21 https://de.wikipedia.org/wiki/Philip_D._Jones

22 https://www.klimafakten.de/behauptungen/behauptung-gehackte-e-mails-von-klimaforschern-belegen-dass-sie-luegen-und-betruegen

23 https://www.bmu.de/themen/klima-energie/klimaschutz/internationale-klimapolitik/kyoto-protokoll/

24 https://www.focus.de/wissen/klima/klimapolitik/tid-16643/klimagipfel-das-debakel-von-floppenhagen_aid_464624.html

25 https://gedankenwelt.de/wenn-du-eine-luege-tausendmal-erzaehlst-wird-sie-dann-zur-wahrheit/

26 https://www.afdbundestag.de/wp-content/uploads/sites/156/2019/07/Dresdener-Erkla%CC%88rung-V7.pdf

27 https://www.faz.net/aktuell/politik/inland/f-a-z-exklusiv-gauland-will-klima-

hype-aussitzen-16224965.html

28 https://www.tagesschau.de/multimedia/video/video-646215.html

29 https://www.tagesschau.de/faktenfinder/afd-umwelt-thesen-faktencheck-101.html

30 https://www.welt.de/politik/deutschland/article201939912/Klimaschutz-AfD-will-alle-Programme-komplett-stoppen.html

31 https://konservativeraufbruch.de/klima-manifest-2020/

32 https://www.spiegel.de/wirtschaft/donald-trump-der-us-praesident-zeigt-in-davos-einen-perversen-optimismus-a-db829d42-c5cd-4125-9681-71ba6e88cf17

33 https://www.vaticannews.va/de/papst/news/2018-03/laudatosi-zusammenfassung-pontifikat-franziskus-5-jahre.html

34 https://www.cancer.org/about-us/recognition/awards/luther-terry-award.html

35 https://www.desmogblog.com/global-climate-coalition

36 https://www.de-ipcc.de/119.php

37 https://influencemap.org/report/How-Big-Oil-Continues-to-Oppose-the-Paris-Agreement-38212275958aa21196dae3b76220bddc

38 Supran, Geoffrey & Oreskes, Naomi: Assessing ExxonMobil's climate change communications (1977-2014) Environ. Res. Lett. 12 (2017) 084019

39 https://www.n-tv.de/wirtschaft/Exxon-weiss-seit-40-Jahren-vom-Klimawandel-article16221131.html

40 https://www.spiegel.de/wissenschaft/mensch/new-york-exxon-steht-im-klimawandel-prozess-vor-gericht-a-1292933.html

41 https://www.deutschlandfunk.de/analyse-die-machiavellis-der-wissenschaft.740.de.html?dram:article_id=305454

42 http://www.bpb.de/apuz/188663/was-ist-nachhaltigkeit-dimensionen-und-chancen?p=all

43 https://www.freitag.de/autoren/the-guardian/die-idee-die-die-welt-verschlang

44 https://www.wired.com/story/cambridge-analytica-facebook-privacy-awakening/

45 https://theflatearthsociety.org/home/index.php

46 https://gfds.de/wort-des-jahres-2016/

47 http://www.unwortdesjahres.net/

48 https://www.eike-klima-energie.eu/

49 https://www.swr.de/swr2/wissen/swr2-wissen-2020-03-10-100.html

50 https://www.heartland.org/about-us/index.html

51 https://correctiv.org/top-stories/2020/02/04/die-heartland-lobby-2/

52 https://www.spiegel.de/wissenschaft/natur/brasilien-waldbraende-im-amazonas-erreichen-rekordhoch-a-1282942.html

53 www.boeckler.de/wsi_121277.htm

54 https://www.bertelsmann-stiftung.de/de/themen/aktuelle-meldungen/2019/

dezember/truebe-aussichten-fuer-junge-generationen-in-oecd-laendern/

55 https://www.suhrkamp.de/buecher/schoene_neue_arbeitswelt-ulrich_beck_45871.
html

56 https://rp-online.de/wirtschaft/unternehmen/bedrohte-mittelschicht_aid-11745967

57 http://www.langelieder.de/lit-radermacher07.html

58 http://www.unwortdesjahres.net/

59 https://www.ard-wien.de/2019/09/27/chronologie-der-ibiza-affaere/

60 Sars-CoV-2, severe acute respiratory syndrome coronavi-rus 2, "Schweres akutes
Atemwegssyndrom Coronavirus 2"

61 https://www.nytimes.com/interactive/2020/03/22/world/coronavirus-spread.
html?smtyp=cur&smid=tw-nytimes

62 https://www.nytimes.com/2020/04/11/us/politics/coronavirus-trump-response.htm
l?action=click&module=Spotlight&pgtype=Homepage

63 https://www.sueddeutsche.de/politik/ungarn-orban-notstandsgesetz-1.4862238

64 https://www.focus.de/politik/ausland/fast-5-200-tote-drohnenaufnahmen-
zeigen-new-york-errichtet-massengraeber-auf-hart-island_id_11871800.html

65 제17/12051판, http://dipbt.bundestag.de/doc/btd/17/120/1712051.pdf

66 https://taz.de/Lungenarzt-zu-Corona/!5669085/

67 https://ec.europa.eu/info/strategy/priorities-2019-2024/european-green-deal_de

4부. 우리가 해야 할 것

1 https://www.bmu.de/themen/klima-energie/klimaschutz/kommission-wachstum-
strukturwandel-und-beschaeftigung/

2 https://www.ise.fraunhofer.de/de/presse-und-medien/news/2019/energy-charts-
januar-2019--neue-monatsrekorde-bei-stromerzeugung.html

3 https://www.presseportal.de/pm/7666/4519678

4 https://www.mpg.de/155331/meteorologie

5 First World Climate Conference (WCC-1), https://public.wmo.int/en/bulletin/
history-climate-activities. Die Weltklimakonferenzen sind von den alljährlich
stattfindenden Vertragsstaatenkonferenzen (COPs) zu unterscheiden.

6 White, Robert M. (1979): The World Climate Conference: Report by the Conference
Chairman. WMO Bulletin, 28, 3, 177–178

7 https://www.umweltbundesamt.de/themen/klima-energie/internationale-eu-
klimapolitik/klimarahmenkonvention-der-vereinten-nationen-unfccc

8 https://www.bmu.de/themen/klima-energie/klimaschutz/internationale-

klimapolitik/pariser-abkommen/

9 https://climateactiontracker.org/

10 http://www.globalcarbonproject.org/carbonbudget/18/highlights.htm

11 https://www.globalcarbonproject.org/carbonbudget/19/publications.htm

12 2018년 기준. https://www.globalcarbonproject.org/carbon-budget/index.htm

13 https://www.climateanalytics.org/media/historical_responsibility_report_nov_2015.
pdf

14 https://www.umweltbundesamt.de/presse/pressemitteilungen/
treibhausgasemissionen-gingen-2019-um-63-prozent

15 https://www.volker-quaschning.de/datserv/CO2-D/index.php

16 https://www.iwr.de/news.php?id=36180

17 https://www.agora-energiewende.de/presse/neuigkeiten-archiv/co2-preis-
drueckt-treibhausgasemissionen-und-kohleverstromung-2019-auf-rekordtiefs/

18 https://www.un.org/en/climatechange/un-climate-summit-2019.shtml

19 https://www.thenation.com/article/climate-change-journalism/

20 https://www.tu-berlin.de/?208333

21 http://bildung-rp.de/fileadmin/user_upload/schulkinowoche.bildung-rp.de/
Filmhefte___Arbeitsmaterialien/eine_unbequeme_Wahrheit_2.pdf

22 https://www.tagesspiegel.de/politik/begruendung-im-wortlaut-
friedensnobelpreis-an-gore-und-ipcc/1067740.html

23 https://www.klimafakten.de/meldung/warum-unser-gehirn-darauf-programmiert-
ist-den-klimawandel-zu-ignorieren

24 https://www.weltderphysik.de/gebiet/materie/news/2011/fassaden-als-
kraftwerke-farbe-erzeugt-solarstrom/

25 https://www.nature.com/articles/s41586-020-2010-9#Abs1

26 https://fridaysforfuture.de/

27 https://www.scientists4future.org/

28 https://https://psychologistsforfuture.org/

29 https://healthforfuture.de/

30 https://www.youtube.com/watch?v=4Y1lZQsyuSQ

31 https://www.umweltbundesamt.de/themen/30-jahre-montrealer-protokoll-schutz-
von

32 https://www.nature.com/articles/315207a0

핫타임

1판 1쇄 인쇄 2022년 5월 2일
1판 1쇄 발행 2022년 5월 9일

지은이 모집 라티프
옮긴이 김지유

펴낸곳 씨마스21
펴낸이 김남인
총괄 정춘교
편집 윤예영
디자인 이기복, 곽상엽
마케팅 김진주

출판등록 제 2021-000079호 (2020년 11월 24일)
주소 서울특별시 강서구 강서로33가길 78
내용문의 02-2268-1597(167)
팩스 02-2278-6702
홈페이지 www.cmass21.co.kr
이메일 cmass@cmass21.co.kr

ISBN 979-11-978088-2-1(03400)